Selenium 3 + Python 3
自动化测试项目实战
从菜鸟到高手

田春成 李靖 / 著

电子工业出版社
Publishing House of Electronics Industry
北京·BEIJING

内 容 简 介

Selenium 是目前非常流行的一种自动化测试工具。本书基于 Python 3 语言讲述了最新的 Selenium 3 的基本理论与操作，涉及各种高级应用，以及如何进行项目实战，并提供了详细的自动化平台部署步骤。

本书共 14 章，分为 4 篇。第 1 篇介绍了 Selenium 概况、相关的基础知识及环境的搭建步骤；第 2 篇介绍了 Selenium 涉及的各种技术，包括前端技术、Selenium 元素定位、Selenium 常用方法及 WebDriver 进阶应用；第 3 篇以携程订票系统为例，深入探讨了如何进行项目实战与优化，详细介绍了项目重构、数据驱动测试、Page Object 设计模式及行为驱动等相关的各种常用技术；第 4 篇介绍了平台建设相关的一些实用技术，如平台搭建维护、项目部署及运用 Docker 容器技术进行测试等。

为了使读者不但能掌握 Selenium 自动化测试，而且能够迅速获得项目经验，彻底掌握并灵活运用到实际的测试项目中，本书注重理论与实践相结合，提供了大量典型的自动化测试实例，按照由浅入深、前后照应的顺序来安排内容。

如果你是初学者，可以按照本书安排的先后顺序来学习，这会让你对自动化项目能更快上手；如果你是有经验的高级测试从业人员，可以根据自己的需求阅读此书，借此来夯实基础，获得更多的项目设计和部署的经验，以及对项目全局方面的认知。

未经许可，不得以任何方式复制或抄袭本书之部分或全部内容。
版权所有，侵权必究。

图书在版编目（CIP）数据

Selenium 3+Python 3 自动化测试项目实战：从菜鸟到高手/田春成，李靖著．—北京：电子工业出版社，2019.9
ISBN 978-7-121-37270-4

Ⅰ．①S… Ⅱ．①田… ②李… Ⅲ．①软件工具－自动检测 Ⅳ．①TP311.561

中国版本图书馆 CIP 数据核字（2019）第 181241 号

责任编辑：董　英
印　　刷：三河市良远印务有限公司
装　　订：三河市良远印务有限公司
出版发行：电子工业出版社
　　　　　北京市海淀区万寿路 173 信箱　　　邮编：100036
开　　本：787×980　1/16　　印张：20.25　　字数：486 千字
版　　次：2019 年 9 月第 1 版
印　　次：2021 年 2 月第 4 次印刷
定　　价：79.00 元

凡所购买电子工业出版社图书有缺损问题，请向购买书店调换。若书店售缺，请与本社发行部联系，联系及邮购电话：(010) 88254888，88258888。
质量投诉请发邮件至 zlts@phei.com.cn，盗版侵权举报请发邮件至 dbqq@phei.com.cn。
本书咨询联系方式：010-51260888-819，faq@phei.com.cn。

推 荐 序

在这个软件技术飞速发展的时代，伴随着软件架构的不断演进，软件测试技术也随之不断完善和发展——从早年完全基于 GUI 的自动化测试，到现如今前端 GUI 自动化测试和后端 API 自动化测试并驾齐驱。从测试介入的时机上看，软件测试正在不断"左移"，即在开发的早期阶段，测试人员就会参与其中。测试人员会从软件的可测试性需求、代码质量、接口质量等多个维度来把控软件的质量。从测试分层体系的设计上看，目前很多测试都被逐渐从前端 GUI 向后端 API 或者接口迁移。

按理说，在这种情况下前端 GUI 测试的重要性会被逐渐削弱，但事实并非如此，目前依然有大量的面向终端用户的测试用例，需要在 GUI 的层面来做完整的验证，而且这些 GUI 测试的需求在将来很长时间内会长期存在，并且对于浏览器的多样性、GUI 测试的稳定性、自动化测试框架的开放性比以往任何时候都有更高的要求。为此，作为测试工程师非常有必要掌握扎实的主流 GUI 自动化测试技术，并且能够将其应用到实际的工程项目中。

Selenium 作为开源领域最主流的 GUI 自动化测试框架，将是你深入学习掌握 GUI 自动化测试的不二选择。Selenium 从早期的基于 RemoteController 来规避同源策略的 1.0 版本，到基于 WebDriver 而大获成功的 2.0 版本，再到现在能够支持更多浏览器，以及基于 Java 8 的最新 3.0 版本，其自身也在不断地完善和发展。毫不夸张地说，Selenium 几乎已经成为 GUI 自动化测试事实上的行业标准。

Python 语言简单易学、代码精简优雅，又有大量的第三方库支持，是学习和入门自动化测试的首选开发语言。

本书系统地讲解了基于 Python 语言使用 Selenium 3 开展 GUI 自动化测试的方方面面，既有面向初级用户的基础环境搭建方法和 Selenium 的基础知识，也有结合实际项目的大量工程实践。通过自我改进的重构过程，依次引出可重用脚本、数据驱动、页面对象模型及 BDD 等核心概念，使读者能够循序渐进地掌握 GUI 测试的核心概念和实践方法。

此外，本书还介绍了自动化测试平台建设的基础知识，帮助读者拓宽视野，站在更高的层面理解自动化测试的生态体系。

纵览全书，内容循序渐进，概念清晰明了，理论联系实际，从易到难，知识体系全面而系统，是一本通过 Python 语言来全面掌握 Selenium 3 的好书。

茹炳晟

Dell EMC 中国研发集团资深架构师

2019 年 6 月于上海

前 言

在 2007 年毕业之后，笔者从事的第一份工作与开发相关。当时所在的公司因为业务层面的需求，开始组建测试团队，机缘巧合之下，笔者负责组建测试团队的工作。从刚入行时接触的全功能测试，再到 QTP、Selenium 等自动化测试工具，时间已经过去了 8 年之久。这 8 年期间，笔者换过多份工作，接触过很多新项目，无一例外的是，笔者都会在工作中用到 Selenium。更重要的是，这么多年过去了，Selenium 未见颓势，反而功能越来越强大，它能做的事情也越来越多。从 Web 自动化测试到辅助爬虫工具开发，再到模拟移动端测试，都可以见到 Selenium 的身影。

随着大数据和机器学习的兴起，Python 语言变得异常火热，就连小学生对此也颇感兴趣并学习，甚至部分地区的中学把 Python 设为必修课程。Python 语言语法简单且功能强大，有丰富和强大的类库。对编程能力较弱的初学者来说，Python 语言更容易学习和使用；对有编程经验的读者来说，学习 Python 语言的成本很低，可以在很短的时间内学习并使用 Python 来处理问题。本书就选择了 Python 与 Selenium 组合的方式对项目进行自动化测试。笔者身边的很多朋友，一直想提高自动化测试技术，都是先抱着一本厚厚的 Python 书学习，再学习自动化测试工具。学习一门语言本身比较枯燥，很多人还没学完 Python 就放弃学习自动化测试工具了，而且这种学习方式很容易因为知识没有及时应用而遗忘。

本书的例子虽然基于 Python 语言，但更多的是提供处理问题的思路与方法，因此，对于想学习 Selenium 自动化测试技术而不愿意尝试使用 Python 语言的读者来说，同样可以把本书作为参考资料。

最近几年，笔者在工作之余一直在做培训。很多新手在学习测试技术的过程中会遇到各种难题，经常有人咨询有没有一本偏项目实战的 Selenium 书，于是笔者便邀请好友李靖一起编写此书，希望在自动化测试学习的道路上能给读者提供一点帮助。

本书的初衷是提高读者的技术学习深度与广度，从而向测试开发工程师的道路迈进。为此，在本书的最后一篇介绍了 Git、Docker 容器的使用，以及持续集成工具 Jenkins 的使用等。

本书的最大特点是不需要专门学习 Python 语言，读者可以零基础入门，通过本书案例中的自动化思维，结合 Selenium 的使用学习 Python，循序渐进地学会使用 Selenium 做企业级项目。

本书的知识体系

本书分为 4 篇，共 14 章。

第一篇　环境篇（第 1~3 章）：主要介绍本书所涉及的基础知识、自动化测试的发展状况、Selenium IDE 的使用，以及环境搭建等基础性工作。

第二篇　基础篇（第 4~7 章）：主要介绍自动化所必需的前端知识、Python 基础、Selenium 八大定位、常用方法及高级特性。

第三篇　项目篇（第 8~12 章）：主要介绍如何从零开始做一个自动化测试项目。首先从需求分析入手并熟悉业务流程，其次编写脚本，实现整个流程的功能，最后不断地对脚本进行重构，如函数、文件、数据驱动、PageObject 设计模式、BDD（行为驱动开发）等。

第四篇　平台篇（第 13~14 章）：主要介绍自动化测试平台，包含 Git、Jenkins、多线程并发测试及 Docker 容器等技术。

本书适合哪些读者

- 软件测试人员。
- 在校学生，想学习自动化测试的人员。
- 功能测试人员。
- 想深入学习自动化测试框架的人员。

- 想从事测试的开发人员。
- 测试经理。

本书作者

本书由田春成和李靖编写，刘娟参与修订了本书。

读者服务

微信扫码：37270

获取博文视点学院 20 元付费内容抵扣券

可用于本书配套增值视频课程

加入读者交流群，与更多读者互动

目 录

第一篇 环境篇

第 1 章 自动化测试简介 ... 3
1.1 什么是自动化测试 ... 3
1.2 自动化测试的分类 ... 4
1.3 自动化测试项目的适用条件 ... 5
1.4 自动化测试总结 ... 5
1.5 为什么选择 Selenium ... 6
    1.5.1 Selenium 的特性 ... 6
    1.5.2 Selenium 的发展 ... 7

第 2 章 Selenium IDE 的使用 ... 9
2.1 Selenium IDE 介绍 ... 9
    2.1.1 Selenium IDE 的安装步骤 ... 10
    2.1.2 Selenium IDE 的功能界面与工具栏介绍 ... 11
    2.1.3 Selenium IDE 脚本介绍 ... 12
    2.1.4 waitforText、assertText 和 verifyText 命令讲解 ... 14

	2.1.5 通过实例讲解 storeTitle 命令和 echo 命令	15
2.2	从 Selenium IDE 导出脚本	15
第 3 章	**Python 与 Selenium 环境搭建**	**18**
3.1	Windows 环境下的安装	19
	3.1.1　Python 安装	19
	3.1.2　Selenium 安装	21
	3.1.3　开发工具 IDE 安装	24
	3.1.4　不同浏览器环境搭建	31
3.2	Mac OS 环境下的安装	32
	3.2.1　Python 安装	33
	3.2.2　Selenium 安装	34
	3.2.3　浏览器的驱动	35

第二篇　基础篇

第 4 章	**前端技术简介**	**39**
4.1	HTML	39
	4.1.1　HTML 元素	40
	4.1.2　HTML 表单	46
4.2	CSS	47
4.3	JavaScript	48
第 5 章	**Selenium 元素定位**	**50**
5.1	Python 基础知识	50
	5.1.1　数字类型	51
	5.1.2　字符串类型	51
	5.1.3　常用的判断与循环语句	52
	5.1.4　集合	54
	5.1.5　列表对象	57

5.2 Selenium 八大定位 ··· 66
5.2.1 id 定位 ··· 66
5.2.2 name 定位 ··· 67
5.2.3 class 定位 ··· 68
5.2.4 link_text 定位 ··· 69
5.2.5 partial_link_text 定位 ··· 70
5.2.6 CSS 定位 ··· 70
5.2.7 XPath 定位 ··· 73
5.2.8 tag_name 定位 ··· 75

第 6 章 Selenium 常用方法 ··· 77
6.1 基本方法 ··· 77
6.2 特殊元素定位 ··· 82
6.2.1 鼠标悬停操作 ··· 82
6.2.2 Select 操作 ··· 83
6.2.3 利用 JavaScript 操作页面元素 ··· 88
6.2.4 jQuery 操作页面元素 ··· 90
6.2.5 常用的鼠标事件 ··· 92
6.2.6 常用的键盘事件 ··· 93
6.3 Frame 操作 ··· 94
6.4 上传附件操作 ··· 96
6.4.1 上传附件操作方式一 ··· 97
6.4.2 上传附件操作方式二 ··· 97
6.4.3 上传附件操作方式三 ··· 100
6.5 Cookie 操作 ··· 100
6.6 Selenium 帮助文档 ··· 102

第 7 章 Selenium WebDriver 进阶应用 ··· 104
7.1 滑块操作 ··· 104

7.1.1 携程注册业务分析 ·· 105
7.1.2 滑块处理思路 ··· 106
7.2 项目中的截图操作 ·· 107
7.2.1 页面截图 ··· 108
7.2.2 元素截图 ··· 108
7.2.3 验证码处理思路 ·· 109
7.3 Web 页面多窗口切换 ·· 117
7.4 元素模糊定位 ··· 118
7.5 复合定位 ·· 120

第三篇 项目篇

第 8 章 项目实战 ··· 123
8.1 项目需求分析汇总 ·· 123
8.1.1 制定项目计划 ··· 124
8.1.2 制定测试用例 ··· 125
8.2 业务场景覆盖与分拆 ··· 126
8.2.1 逐个页面元素分析 ··· 129
8.2.2 分层创建脚本 ··· 133
8.3 项目代码总结 ··· 148

第 9 章 代码优化与项目重构 ··· 150
9.1 项目重构 ·· 150
9.1.1 重构——元素定位方法优化 ······························ 150
9.1.2 车次信息选择优化 ··· 154
9.1.3 重构——代码分层优化 ····································· 157
9.1.4 重构——三层架构 ··· 160
9.2 代码优化 ·· 164
9.2.1 重构——项目异常处理 ····································· 164

9.2.2　重构——智能等待 …………………………………… 167

第10章　数据驱动测试 ………………………………………… 168

10.1　一般文件操作 …………………………………………… 169
　　10.1.1　文本文件 ……………………………………………… 169
　　10.1.2　CSV 文件 ……………………………………………… 171
　　10.1.3　Excel 文件 …………………………………………… 173
　　10.1.4　JSON 文件操作 ……………………………………… 176
　　10.1.5　XML 文件操作 ……………………………………… 179
　　10.1.6　YAML 文件操作 …………………………………… 181
　　10.1.7　文件夹操作 …………………………………………… 184

10.2　通过 Excel 参数，实现参数与脚本的分离 …………… 184
　　10.2.1　创建 Excel 文件，维护测试数据 ………………… 185
　　10.2.2　Framework Log 设置 ……………………………… 186
　　10.2.3　初步实现数据驱动 ………………………………… 192

10.3　数据驱动框架 DDT ……………………………………… 198
　　10.3.1　单元测试 ……………………………………………… 198
　　10.3.2　数据驱动框架的应用 ……………………………… 208
　　10.3.3　利用 DDT+Excel 实现简单的重复性测试 …… 218

第11章　Page Object 设计模式 ……………………………… 222

11.1　什么是 PO ……………………………………………… 222

11.2　PO 实战 ………………………………………………… 223
　　11.2.1　Common 层代码分析 ……………………………… 224
　　11.2.2　Base 层代码分析 …………………………………… 228
　　11.2.3　PageObject 层代码分析 ……………………………… 230
　　11.2.4　TestCases 层代码分析 ……………………………… 236
　　11.2.5　Data 层分析 ………………………………………… 237
　　11.2.6　Logs 层分析 ………………………………………… 237
　　11.2.7　Reports 层分析 ……………………………………… 238

11.2.8　其他分析 238
11.2.9　PO 项目执行 238

第 12 章　行为驱动测试 242

12.1　环境安装 242

12.2　行为驱动之小试牛刀 243

12.3　基于 Selenium 的行为驱动测试 246

12.4　结合 PO 的行为驱动测试 247

第四篇　平台篇

第 13 章　测试平台维护与项目部署 253

13.1　Git 应用 253

13.1.1　Git 安装 254

13.1.2　Git 常用操作 257

13.1.3　GitHub 运用 259

13.2　Jenkins 安装 263

13.3　配置 Jenkins 268

13.4　Jenkins 应用 273

13.4.1　自由风格项目介绍 273

13.4.2　Jenkins Pipeline 277

13.5　完整的 Jenkins 自动化实例 281

13.6　项目部署 286

13.6.1　获取当前环境模块列表 286

13.6.2　安装项目移植所需模块 287

第 14 章　Docker 容器技术与多线程测试 288

14.1　Docker 简介 289

14.2　Docker 的一般应用场景 291

- 14.3 Docker 的安装和简单测试 ··········· 292
  - 14.3.1 Docker 的安装 ··········· 292
  - 14.3.2 Docker 的简单测试 ··········· 294
- 14.4 Python 多线程介绍 ··········· 295
  - 14.4.1 一般方式实现多线程 ··········· 295
  - 14.4.2 用可调用类作为参数实例化 Thread 类 ··········· 296
  - 14.4.3 Thread 类派生子类（重写 run 方法） ··········· 297
- 14.5 本地利用多线程执行 Selenium 测试 ··········· 298
- 14.6 利用 Docker 容器技术进行多线程测试 ··········· 300
  - 14.6.1 Selenium Grid 介绍 ··········· 301
  - 14.6.2 安装需要的镜像 ··········· 302
  - 14.6.3 启动 Selenium Hub ··········· 303
  - 14.6.4 启动 Selenium Node ··········· 303
  - 14.6.5 查看 Selenium Grid Console 界面 ··········· 304
  - 14.6.6 在 Docker 环境下执行多线程测试 ··········· 304

第一篇
环境篇

本篇主要介绍本书所涉及的基础知识（比如 Selenium 的发展与简介、Python 语言基础知识、前端技术等），自动化测试及环境搭建等基础性工作。本篇对应的章节如下。

第 1 章　自动化测试简介

第 2 章　Selenium IDE 的使用

第 3 章　Python 与 Selenium 环境搭建

第 1 章
自动化测试简介

本章主要讲解自动化测试的含义、分类、项目使用,以及自动化测试工具 Selenium 的优势。

1.1 什么是自动化测试

自动化测试是软件测试活动中的一个重要分支和组成部分。随着软件产业的不断发展,市场对软件周期的要求越来越高,于是催生了各种开发模式,如大家熟知的敏捷开发,从而对测试提出了更高的要求。此时,产生了自动化测试,即利用工具或者脚本来达到软件测试的目的,没有人工或极少人工参与的软件测试活动称为自动化测试。自动化测试的优势如下:

- 更方便对系统进行回归测试。当软件的版本发布比较频繁时，自动化测试的效果更加明显。
- 可以自动处理原本烦琐、重复的任务，提高测试的准确性和测试人员的积极性。
- 自动化测试具有复用性和一致性，即测试脚本可以在不同的版本上重复运行，且可以保障测试内容的一致性。

1.2 自动化测试的分类

维度不同，自动化测试的分类方式也不同，以下是笔者认为比较常见的方式。

从软件开发周期或者分层的角度来分类：

（1）单元自动化测试

单元自动化测试是指自动化地完成对代码中的类或方法进行测试，主要关注代码实现细节及业务逻辑等方面。

（2）接口自动化测试

接口自动化测试用于测试系统组件间接口的请求与返回。接口测试稳定性高，更适合开展自动化测试。

（3）UI 自动化测试

用自动化技术对图形化界面进行流程和功能等方面验证的过程。

从测试目的的角度来分类：

（1）功能自动化测试

功能自动化测试主要检查实际功能是否符合用户的需求，主要以回归测试为主，涉及图形界面、数据库连接，以及其他比较稳定而不经常发生变化的元素。

（2）性能自动化测试

性能自动化测试是依托自动化平台自动地执行性能测试、收集测试结果，并能分析测试结果的一种可以接近无人值守的性能测试。性能自动化测试有以下特性：

- 对脚本创建和优化提供类库和其他模块支撑。
- 可以设定自动化任务（比如每天根据特定场景执行一轮性能测试）。
- 自动收集测试结果并存储。
- 事中监控（比如场景执行过程中的异常错误自动预警邮件功能）。
- 成熟的平台可以进行自动分析功能（比如哪些事务有问题、哪些资源消耗异常等）。
- 安全自动化测试。

类似于性能自动化测试，可以将安全测试的活动自动化，比如可以定期自动扫描安全预警或威胁并上报。

1.3 自动化测试项目的适用条件

上线自动化测试项目是需要"天时、地利、人和"的，为什么这么说呢？因为自动化测试项目的评估需要各方面的考虑，但总体来说还是有一些规律可循的：

- 自动化测试前期投入较多，比如人力、物力、时间等。
- 软件系统界面稳定、变动少。页面变更频繁会导致代码维护成本增加。
- 项目进度压力不太大。项目时间安排比较紧迫，不适合进行自动化测试。
- 自动化测试的脚本可以重复使用。代码复用率高可以降低开发和维护的成本。
- 测试人员具备较强的编程能力。

1.4 自动化测试总结

目前，在软件测试领域，自动化测试已成趋势，越来越多的互联网公司认为，自动化测试已成为软件测试流程的重要组成部分，极大地解放了生产力。然而没有一种自动化方案可以满足 100%的需求，在评估项目及自动化模式、工具、框架设计等方面都需要认真对待，综合各种利弊得失，寻找合适的解决方案。

自动化测试最近几年的发展也很迅猛，各种工具、框架有很多，比如 Selenium、UFT、Ruby Watir 等。

自动化测试涉及一个重要名称，即"框架"。百度百科对框架的解释是："框架是一个框子（指其约束性），也是一个架子（指其支撑性）。在软件工程中，框架是整个或部分系统的可重用设计，表现为一组抽象构件及构件实例间交互的方法。同时，框架也可以理解为可被应用开发者定制的应用骨架。"为什么很多时候要强调框架呢？主要原因如下：

- 框架的产生是为了解决某一重要的问题。
- 框架有可扩展性和可集成性。可扩展性即框架可以很容易地扩展功能和改写功能。可集成性是指可以通过暴露出一些接口等方式去和其他系统进行交互。

1.5 为什么选择 Selenium

市场上自动化测试的工具有很多，选择的面也比较广，笔者为什么推荐 Selenium 呢？

1.5.1 Selenium 的特性

Selenium 在自动化测试领域非常受欢迎，主要与其本身的一些特性有关系：

- Selenium 是免费开源的框架。
- 支持多种浏览器。如 Chrome、Firefox、IE 等。
- 支持多种开发语言。如 Java、Python、Ruby 等，这就使得测试人员在选择的时候会有更多的空间。
- 支持并发测试。Selenium 支持在多台机器上并发执行测试，可以提升自动化测试的执行效率和增强资源的使用率。

关于工具的选择问题，是否开源、收费不应该作为评估适用性的最大权重项，而应该结合企业自身业务需求和场景，做出选择。

1.5.2 Selenium 的发展

2004 年，在 ThoughtWorks 公司工作的 Jason Huggins 为了改变手工测试工作越来越繁多的现状，缔造了 Selenium 的雏形。当时仅有一套代码库，使用这套代码库可以实现页面交互操作的自动化，让手工测试人员从繁重的、重复的、附加值低的工作中解脱出来，Selenium 1.0 就这样诞生了。此时的 Selenium 以 JavaScript 库为后台核心，还不能脱离 JavaScript。

目前 Selenium 已经发展到 3.0 版本，Selenium 3.0 是对 Selenium 1.0 的继承和发展，如图 1.1 所示展示了 Selenium 框架的演化过程。

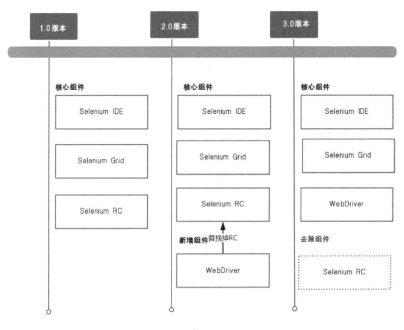

图 1.1

其中 Selenium IDE 是 Firefox 浏览器的一个插件，依附于浏览器运行，实现对浏览器操作的录制与回放功能，录制的脚本可以转化为多种脚本语言（Java、Python、Ruby 等），后续章节对此会有详细的介绍。

Selenium RC 是 Selenium 的核心组成部分，它由两个组件构成：一个是 Selenium Server（解释执行测试代码或者脚本，也是 HTTP 代理服务器的角色，用于侦测处理浏览器与应用服务器之间的 HTTP 请求通信）；另一个是 Client Library，它提供了接口，用于编程语言连接 Selenium Server，主要负责发送命令给 Selenium Server，接收测试结果。

Selenium Grid 组件的主要作用是实现并发测试，它可以实现多台测试机器和多个浏览器并发测试。每一个测试环境上的机器称为 Node 节点。工作模式由一个 Hub 节点和若干个 Node 节点组成。Hub 用来管理和收集 Node 节点的注册信息和状态信息，接受远程调用，并把请求分发给代理节点来执行。

从图 1.1 中可以看到，Selenium 2.0 在 1.0 版本的基础上添加了对 WebDriver 的支持。WebDriver 提供了更简单、更简洁的 API，大幅提高了脚本代码编写的效率，其原理是通过调用浏览器的 API 来定位并操作页面上的对象。并在 1.0 版本的基础上扩展了很多功能，如键盘和鼠标事件、文件上传和下载等。

Selenium 和 WebDriver 原本属于两个不同的项目。关于 Selenium 与 WebDriver 合并的原因，WebDriver 项目的创建者 Simon Stewart 在 2009 年 8 月的邮件中给出了一些两个项目合并的看法：一部分原因是 WebDriver 弥补了 Selenium 存在的缺点（有出色的 API），另一部分原因是 Selenium 解决了 WebDriver 存在的问题（例如支持广泛的浏览器）。Selenium 3.0 对 2.0 版本主要做了如下修改：

- 去除 Selenium RC 组件。
- 遵循 W3C 的标准。
- 扩展 WebDriver API 的功能，提供移动端的测试套件。
- 只有下载官方提供的 GeckopDriver 驱动，才可以使用 Firefox 浏览器（47.0.1 之后的版本）。
- 执行 IE 9.0 以上的版本及 Windows Edge 浏览器。
- 支持 Java 8 及以上版本。

通过本章的学习，读者对自动化测试的概念及如何选择工具或者框架会有一个初步的认识，也会对 Selenium 框架的发展轨迹、特性等有一定的了解。

第 2 章
Selenium IDE 的使用

Selenium IDE，官方给出的一个总结是："针对 Web 自动化的一种录制回放型的解决方案。"它提供了很简洁的录制流程，初学者非常容易上手。最新的 Selenium IDE 支持 Chrome 和 Firefox 浏览器。后面将对 Selenium IDE 进行详细的介绍。

2.1　Selenium IDE 介绍

相信很多初学 Selenium 的同学都接触过 Selenium IDE。该工具完全图形化操作，不但支持录制，还可以将录制脚本导出生成其他编程语言的脚本（如 Java、Python 等）。

Selenium IDE 是一款基于浏览器的插件，早期版本只支持 Firefox 浏览器，最近的版本也支持 Google Chrome 浏览器，但从 3.x 版本之后，Selenium IDE 需安装插件才可以导出脚本。本章仅介绍 Selenium IDE 的常用功能。

2.1.1　Selenium IDE 的安装步骤

（1）先安装 Firefox，Firefox（47.0.2 版本）的官网下载地址为"https://www.mozilla.org/en-US/firefox/47.0/releasenotes/"。

（2）再安装 Selenium IDE，Selenium IDE（2.9.1 版本）的官网下载地址为"https://docs.seleniumhq.org/projects/ide/"。

安装完成后，在浏览器的菜单栏中选择"工具→Selenium IDE"选项，如图 2.1 所示。Selenium IDE 的图形化界面如图 2.2 所示。

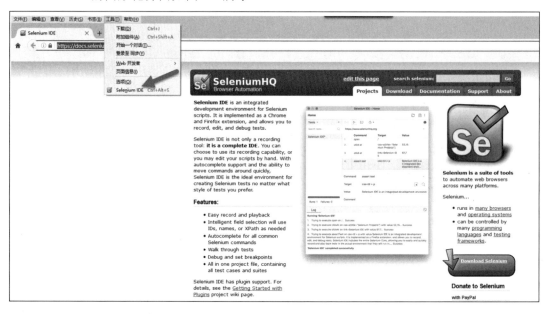

图 2.1

第 2 章　Selenium IDE 的使用

图 2.2

2.1.2　Selenium IDE 的功能界面与工具栏介绍

Selenium IDE 主界面区域介绍如图 2.3 所示。

常用工具栏介绍如下。

　　：测试用例执行速度的控制器，可以从 Fast 到 Slow 进行设置。

　　：执行全部测试用例。

　　：执行当前测试用例。

　　：暂停测试用例的执行。

➡️：单步执行。

　　🕐：设置测试时间。

　　⚫：录制测试用例。

　　◎：应用汇总功能。

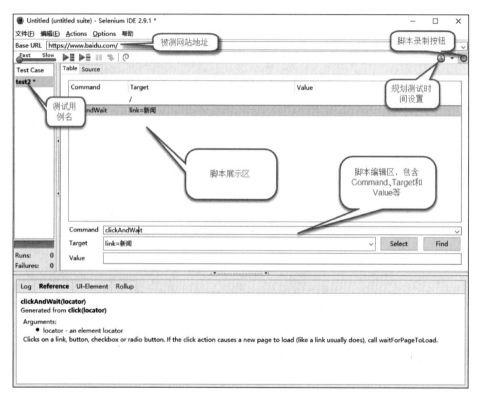

图 2.3

2.1.3 Selenium IDE 脚本介绍

本节介绍录制脚本和增强脚本的方法。录制脚本的步骤如下。

（1）打开百度首页（https://www.baidu.com）。

（2）在首页单击"新闻"超链接。录制结束，录制界面如图 2.4 所示。

（3）脚本展示区有 2 行数据，第 1 行显示 Commands 值为"open"，Target 值为"/"；第 2 行显示 Commands 值为"clickAndWait"，Target 值为"link=新闻"。

（4）脚本保存名为"se_ide1"，并且左下角"Runs,Failures"统计值显示，脚本回放成功。

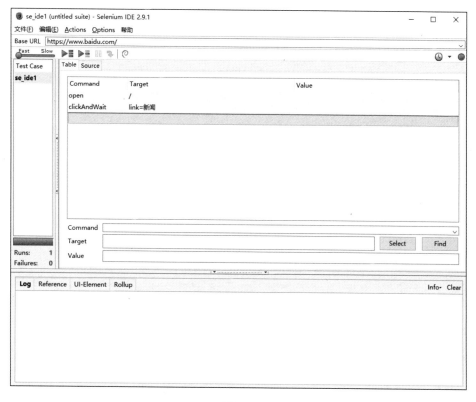

图 2.4

增强脚本，以单击"热点要闻超链接"为例，步骤如下：

（1）验证新闻主页面的元素，超链接"热点要闻"。

（2）添加 assertText 要素到之前录制的脚本中，如图 2.5 中箭头所示，添加的 Command 是"assertText"；Target 是"link=热点要闻"；Value 是"热点要闻"。这说明此时的检查点设置是检查页面"热点要闻"字符串。如果有，则检查通过，脚本继续执行；如果没有，则检查未通过，脚本停止执行。如图 2.5 所示的执行日志显示，脚本执行和检查点检查都成功了。

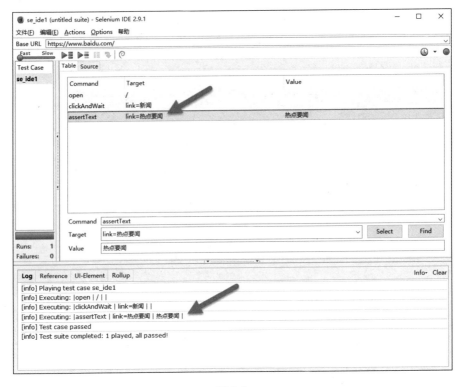

图 2.5

2.1.4 waitforText、assertText 和 verifyText 命令讲解

- waitforText：从字面意思上理解，就是用来判断指定文本是否在页面上显示。如果显示，脚本继续执行；如果等待一段时间后，没有显示指定文本，则标记脚本执行失败，但测试脚本会继续执行。

- assertText：表示在执行测试时，判断页面上的文本是否与期望显示的文本相同。如果相同，则测试脚本会继续执行；如果不同，则标记脚本执行失败，且脚本后续部分不会继续执行。

- verifyText：表示在执行测试时，判断页面上的文本是否与期望显示的文本相同。如果相同，则测试脚本会继续执行；如果不同，则标记脚本执行失败，而脚本后续部分会继续执行。

2.1.5　通过实例讲解 storeTitle 命令和 echo 命令

storeTitle 命令的作用是，将网页的 title 属性值存储到指定的变量中。

echo 命令的作用是，在控制台打印输出，常用于脚本调试的过程。

以百度首页为例，讲解 storeTitle 和 echo 的用法，步骤如下：

（1）打开 Firefox 浏览器，单击"工具"菜单，然后选择"Selenium IDE"选项。

（2）设置 Selenium IDE 为录制状态。

（3）在 Base URL 中输入 https://www.baidu.com，然后按"Enter"键。

（4）增强优化展示区脚本，具体如图 2.6 所示，添加"open""storeTitle"和"echo"命令。

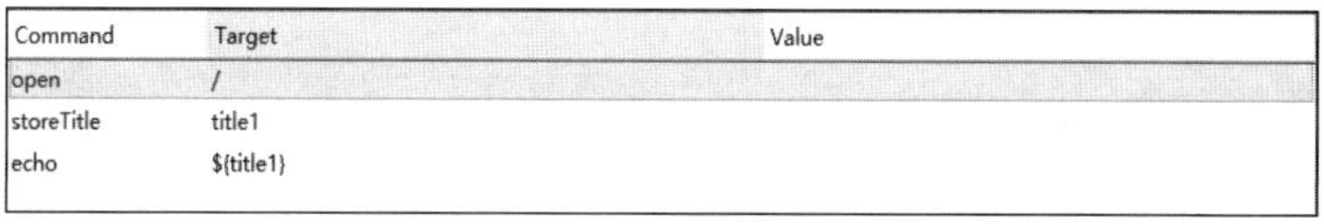

Command	Target	Value
open	/	
storeTitle	title1	
echo	${title1}	

图 2.6

（5）执行脚本，执行日志如图 2.7 所示，浏览器窗口的 title 属性打印成功。

```
Log  Reference  UI-Element  Rollup                                    Info▼ Clear
[info] Playing test case chapter71
[info] Executing: |open | | |
[info] Executing: |storeTitle | title1 | |
[info] Executing: |echo | ${title1} | |
[info] echo: 百度一下，你就知道
[info] Test case passed
```

图 2.7

2.2　从 Selenium IDE 导出脚本

Selenium IDE 工具的一个重要的功能是，录制过程可以导出生成多种编程语言。通过录制脚本到自动化脚本的转换，可以提高工程师的脚本编写效率。这里通过 2.1.5 节中的例子来演示从 Selenium IDE 导出脚本并运用在自动化测试中的过程，步骤如下：

（1）在 IDE 窗口选择"文件->Export Test Case As.."选项，然后选择"Python 2/unittest/WebDriver"选项，如图 2.8 所示。

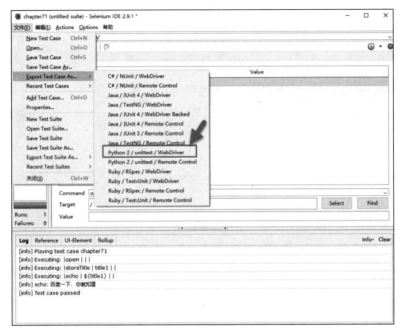

图 2.8

（2）保存.py 文件。自动化脚本如下所示：

```
#coding=utf-8
from selenium import webdriver
from selenium.webdriver.common.by import By
from selenium.webdriver.common.keys import Keys
from selenium.webdriver.support.ui import Select
from selenium.common.exceptions import NoSuchElementException
from selenium.common.exceptions import NoAlertPresentException
import unittest,time,re

class Chapter71(unittest.TestCase):
    def setUp(self):
        self.driver = webdriver.Firefox()
        self.driver.implicitly_wait(30)
        self.base_url = "https://www.baidu.com"
        self.verificationErrors = []
```

```python
        self.accept_next_alert = True

    def test_Chapter71(self):
        driver = self.driver
        driver.get(self.base_url + "/")
        title1 = driver.title
        print(title1)

    def is_element_present(self, how, what):
        try: self.driver.find_element(by=how, value=what)
        except NoSuchElementException as e: return False
        return True

    def is_alert_present(self):
        try: self.driver.switch_to_alert()
        except NoAlertPresentException as e: return False
        return True

    def close_alert_and_get_its_text(self):
        try:
            alert = self.driver.switch_to_alert()
            alert_text = alert.text
            if self.accept_next_alert:
                alert.accept()
            else:
                alert.dismiss()
            return alert.text
        finally: self.accept_next_alert = True

    def tearDown(self):
        self.driver.quit()
        self.assertEqual([], self.verificationErrors)

if __name__ == "__main__":
    unittest.main()
```

  通过以上实例的演示，可以认识到 IDE 在一些比较简单的自动化测试项目中使用是比较适合的。但是对于相对长期的、稳定的和复杂的自动化项目来讲，不太适合使用 Selenium IDE 录制脚本的方式。

第 3 章
Python 与 Selenium 环境搭建

Python 语言是一门跨平台的、开源免费的、解释型的、面向对象的编程语言。近几年比较热,在 AI(人工智能)、机器学习方面的应用特别广泛。同样,在自动化测试领域,在 Selenium 开发语言的选择上,Python 也很受青睐,优势如下:

- 结构简单、语法清晰、关键字少。初学者可以在短时间内上手。
- 有一个广泛的标准库支持。这也是 Python 的优势之一,丰富的代码库可以让开发者更专注于业务。
- 代码的可扩展性强。比如基于 Python 的一个应用,如果不想让一些算法等代码结构公开,可以利用 C/C++编写,然后从 Python 代码中去调用它,编码的过程和选择很灵活。
- 数据库接口丰富。Python 为 MySQL、SQLite 和 MongoDB 等数据库提供了很好的接口支持。

- 可移植性好。

本书选择 Python 3.x 进行讲解，主要基于以下原因：

（1）编码方式和运行效率有提升。

（2）Python 2 到 2020 年停用。

在开启我们的自动化测试之旅前，首先要搭建基础的软件环境。本章将主要介绍两种环境搭建，一种是 Windows 系统，另一种是 Mac OS。

3.1 Windows 环境下的安装

3.1.1 Python 安装

步骤如下：

（1）访问 Python 官网"https://www.python.org/"，下载相应的软件包。本书采用 32 位系统，选择"Windows x86 executable installer"下载，如图 3.1 所示。

- Python 3.7.1 - Oct. 20, 2018

  Note that Python 3.7.1 *cannot* be used on Windows XP or earlier.

  - Download Windows help file
  - Download Windows x86-64 embeddable zip file
  - Download Windows x86-64 executable installer
  - Download Windows x86-64 web-based installer
  - Download Windows x86 embeddable zip file
  - Download Windows x86 executable installer
  - Download Windows x86 web-based installer

图 3.1

（2）安装。步骤比较简单，直接在界面上单击"Next"按钮，如图 3.2 所示。在页面上会展示安装的预选信息，按照默认的方式勾选即可。

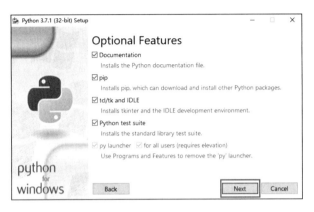

图 3.2

（3）环境变量。将 Python 3.7 添加到环境变量 PATH 中，以便安装完毕后无须手动配置环境变量，如图 3.3 所示。

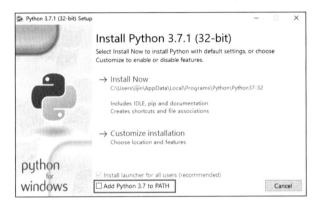

图 3.3

（4）验证 Python 安装是否正确。

在 DOS 窗口下，输入"python"，在命令行窗口会显示当前系统安装的默认 Python 版本信息等，如图 3.4 所示。

图 3.4

图 3.4 的窗口是 Python 解释器，可以直接执行代码，比如输入"2+3"，然后回车，窗口会显示 5（2+3 的计算结果），具体如图 3.5 所示。

Python 安装完成后，用户需要对自带的一些工具进行简单了解。IDLE 是 Python 自带的一个 Python 编辑器，也是其默认的编程环境。IDLE 是一个 Python shell，用户可以通过它执行 Python 命令。如果执行顺利，会立即看到执行结果，否则会抛出异常。IDLE 在"开始→程序→Python 3.7"选项中，如图 3.6 所示。

图 3.5　　　　　　　　　　　　　　图 3.6

IDLE 的使用步骤如下：

（1）打开 IDLE，选择"File→New File"，输入代码"print("python")"，然后保存为.py 或者.pyw 文件。

（2）单击菜单栏上的"Run→Run Model F5"。

（3）Python shell 窗口将会显示文本"python"。

具体如图 3.7 所示。

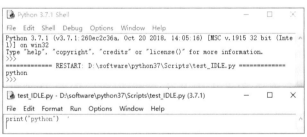

图 3.7

3.1.2　Selenium 安装

Selenium 安装有两种方式：

1. 通过 pip 工具安装

pip 是安装和管理 Python 包的工具，新版本 Python 集成了 pip 库，pip 工具的默认路径为 xxx\python37\scripts。在 DOS 窗口下，键入“pip”，会有如图 3.8 所示的提示信息。

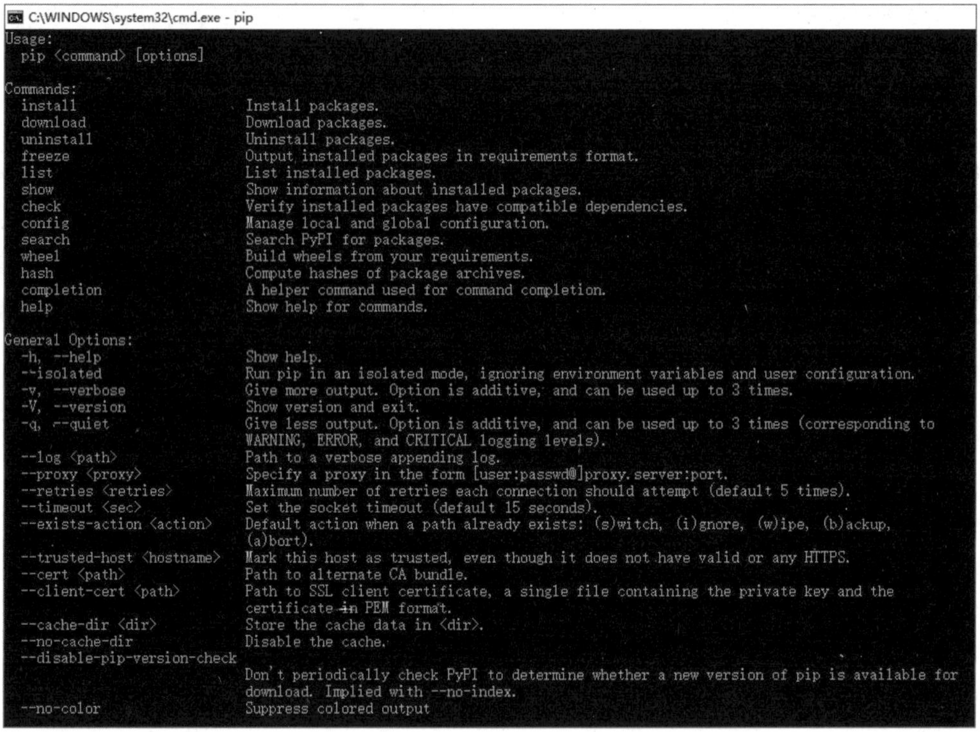

```
C:\WINDOWS\system32\cmd.exe - pip
Usage:
  pip <command> [options]

Commands:
  install                     Install packages.
  download                    Download packages.
  uninstall                   Uninstall packages.
  freeze                      Output installed packages in requirements format.
  list                        List installed packages.
  show                        Show information about installed packages.
  check                       Verify installed packages have compatible dependencies.
  config                      Manage local and global configuration.
  search                      Search PyPI for packages.
  wheel                       Build wheels from your requirements.
  hash                        Compute hashes of package archives.
  completion                  A helper command used for command completion.
  help                        Show help for commands.

General Options:
  -h, --help                  Show help.
  --isolated                  Run pip in an isolated mode, ignoring environment variables and user configuration.
  -v, --verbose               Give more output. Option is additive, and can be used up to 3 times.
  -V, --version               Show version and exit.
  -q, --quiet                 Give less output. Option is additive, and can be used up to 3 times (corresponding to
                              WARNING, ERROR, and CRITICAL logging levels).
  --log <path>                Path to a verbose appending log.
  --proxy <proxy>             Specify a proxy in the form [user:passwd@]proxy.server:port.
  --retries <retries>         Maximum number of retries each connection should attempt (default 5 times).
  --timeout <sec>             Set the socket timeout (default 15 seconds).
  --exists-action <action>    Default action when a path already exists: (s)witch, (i)gnore, (w)ipe, (b)ackup,
                              (a)bort).
  --trusted-host <hostname>   Mark this host as trusted, even though it does not have valid or any HTTPS.
  --cert <path>               Path to alternate CA bundle.
  --client-cert <path>        Path to SSL client certificate, a single file containing the private key and the
                              certificate in PEM format.
  --cache-dir <dir>           Store the cache data in <dir>.
  --no-cache-dir              Disable the cache.
  --disable-pip-version-check
                              Don't periodically check PyPI to determine whether a new version of pip is available for
                              download. Implied with --no-index.
  --no-color                  Suppress colored output
```

图 3.8

安装之前先查看本机是否安装了 Selenium，在 DOS 窗口输入“pip show selenium”，回车后无任何信息，说明本机还没有安装 Selenium，如图 3.9 所示。

```
D:\software\python37\Scripts>pip show selenium

D:\software\python37\Scripts>
```

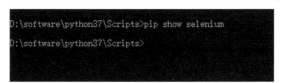

图 3.9

pip 安装 Selenium 的命令是“pip install selenium”，输入该命令系统就可以自动安装 Selenium。默认情况下，会安装最新版。

如果在国内网络进行安装，可能网络速度比较慢，可以改变 pip 源，一般有两种方式：永久方式和临时方式。

（1）永久方式，具体设置方式如下（以阿里提供的镜像源为例）：

① 在 Windows 目录"C:\Users\[用户名]\AppData\Roaming"下，确认一下有没有 pip 文件夹，如果没有，需要新建。

② 进入 pip 文件夹，新建文件 pip.ini。

③ 在 pip.ini 文件中加入如下内容，然后运行安装命令"pip install selenium"。

```
[global]
# 超时设定
timeout = 10000
#指定下载源

index-url = http://mirrors.aliyun.com/pypi/simple/
#指定域名
trusted-host = mirrors.aliyun.com
```

安装完之后，查看安装结果提示，如果出现"Successfully installed xx"字样，说明已经成功安装 Selenium 3.141.0，如图 3.10 所示。

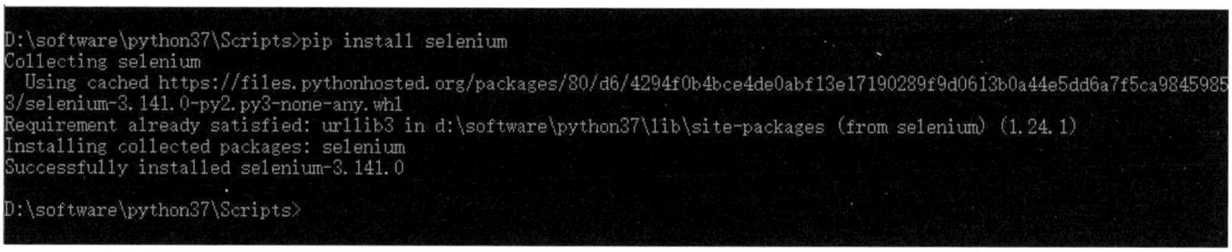

图 3.10

（2）临时方式，可以用 pip 命令的方式在 DOS 窗口执行，命令为"pip -i http://mirrors.aliyun.com/pypi/simple/ -- trusted-host mirrors.aliyun.com"。

pip 安装指定版本的 Selenium 的命令是"pip install selenium==3.6.0"，即安装版本号为 3.6.0 的 Selenium。

pip 升级最新版的 Selenium 的命令是"pip install --upgrade selenium"，即将当前的 Selenium 版本升级到最新版，当前的版本会被覆盖。

pip 卸载 Selenium 的命令是"pip uninstall selenium"。

pip 工具常用命令总结如表 3.1 所示。

表 3.1

pip 命令	命令解释
pip download 软件包名[==版本号]	下载扩展库的指定版本，如果未指定，则下载库中的最新版本
pip list	列出当前环境下所有已经安装的模块
pip install 软件包名[==版本号]	在线安装指定版本号的软件包，如果未指定版本号，则下载最新版
pip install 软件包名.whl	通过 whl 离线安装文件进行安装
pip install 包 1 包 2 包 3 …	支持在线依次安装包 1、包 2 等，包名之间用空格隔开
pip install -r list.txt	依次安装在 list.txt 中指定的扩展包
pip install --upgrade 软件包	升级软件包
pip uninstall 软件包名[==版本号]	卸载指定版本的软件包

2. 通过官方离线包安装

访问 Selenium 官方网站（网址为"https://www.seleniumhq.org/"），选择 Python 语言对应的版本直接下载并解压，目录结构如图 3.11 所示。

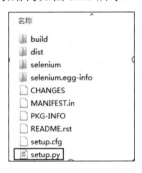

图 3.11

在 DOS 模式下切换到 Selenium 安装包主目录下，执行命令"python setup.py install"即可自动安装。

3.1.3 开发工具 IDE 安装

通过上面的烦琐的配置后，我们终于搭建好自动化测试环境了，你一定迫不及待地要跟着我一起写自动化脚本了，别急！在此之前，我们需要找到合适的 IDE（Integrated Developent Environment，集成开发环境）。

1. UliPad 安装

UliPad 是一款很强大的 Python IDE 软件，能够打开和编辑多种代码文件，对于字符编码的支持和多种多样插件的管理比较方便，应用广泛。

Windows 版本软件安装比较简便，直接单击"Next"按钮，如图 3.12 所示。

图 3.12

安装完成后若新建 Python 文件，出现如图 3.13 所示的问题，解决方案是：在工具栏依次选择"编辑→参数→Python→设置 Python 解释器"，然后在解释器路径页面输入 Python 安装路径下的 python.exe、pythonw.exe 的完整路径即可。

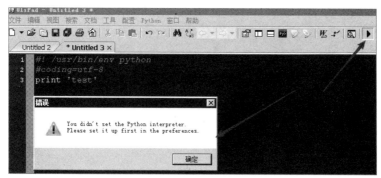

图 3.13

2. PyCharm 安装

PyCharm 是一款在 Python 开发中应用程度比较广泛的 IDE 软件，界面友好、功能强大，还可以跨平台。其优点包括对 MetaClass 的分析、Refactor、类型猜测、代码补全、代码调试等完美支持。可以在官网"https://www.jetbrains.com/pycharm/"上选择 PyCharm 社区版（免费）进行下载并安装，如果系统是 64 位操作系统，需要选择"64-bit launcher"，如图 3.14 所示，然后单击"Next"按钮，按照提示进行安装即可。

图 3.14

安装完成后，创建新项目，如图 3.15 所示。

图 3.15

选择项目路径和项目工程文件名，创建项目。然后选中项目文件名，单击鼠标右键后选择"New→Python File"便可开始代码之旅，如图 3.16 所示。

第 3 章　Python 与 Selenium 环境搭建

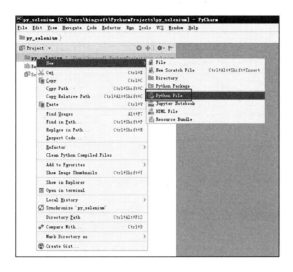

图 3.16

在第一次使用 PyCharm 时需要对工具进行基本设置，可以在一定程度上提高编码效率。步骤如下：

（1）设置 PyCharm 的默认解释器。依次选择"File→Default Settings…"，打开 Settings 页面，如图 3.17 所示。解释器的设置可以根据不同的项目进行选择。如果本地安装了多个版本的 Python，那么不同的项目可以选择不同版本的 Python 解释器。

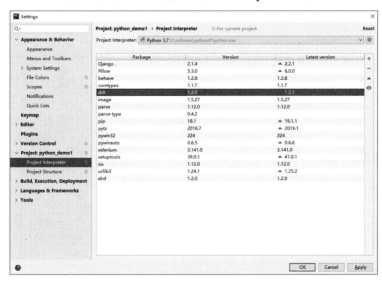

图 3.17

（2）设置 PyCharm 的默认文件编码格式，如图 3.18 所示，全局文件编码格式为"UTF-8"。

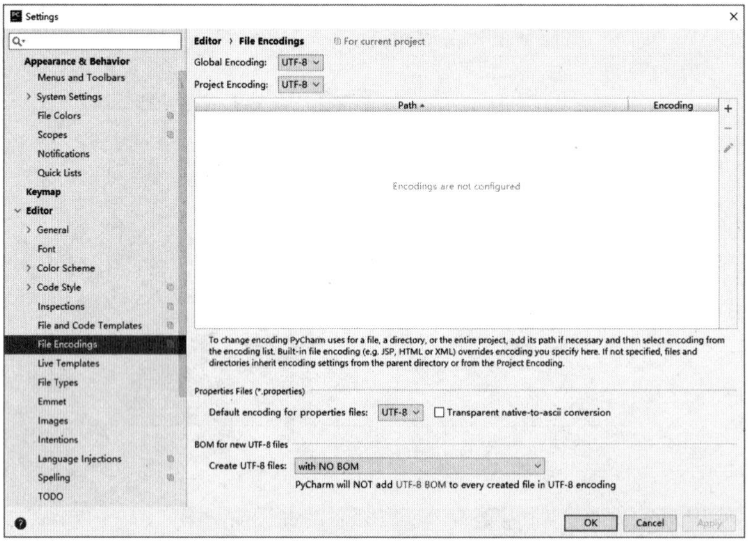

图 3.18

（3）设置 PyCharm 的代码格式，选择"Code Style"，设置自己需要的代码格式。如 Python 语言、HTML 语言、JSON 语言和 XML 语言等。设置如图 3.19 所示。

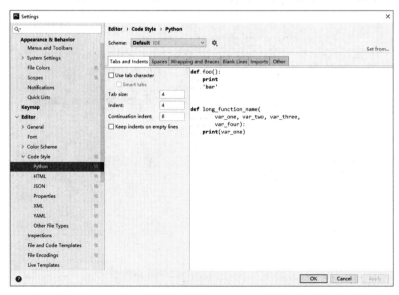

图 3.19

（4）设置默认的 XML 模式，如图 3.20 所示，当前 HTML 默认设置为 HTML 5 语法。

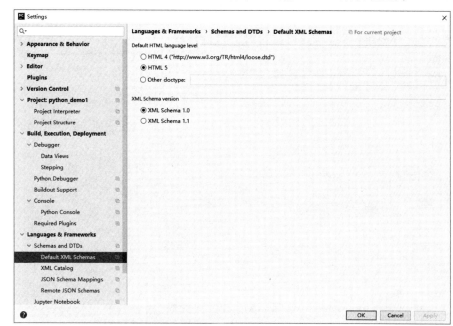

图 3.20

PyCharm 常用的快捷键如下（其中符号"+"不是加号键，而是表示和的意思）。

- 注释代码：选中代码后，再按快捷键 Ctrl + /（Mac OS，按快捷键 command + /）。
- 定位声明等信息：鼠标光标放在代码处，再按快捷键 Ctrl + 鼠标左键（如果是 Mac OS，按快捷键 command + 鼠标左键）。
- 代码缩进：Tab 键。
- 复制选定的区域或行：Ctrl + D（Mac OS，快捷键为 command + D）。
- 删除选定的行：Ctrl + Y（Mac OS，快捷键为 command + Y）。
- Shift + F10：代码运行。
- Shift + F9：代码调试。
- F8：代码调试——跳过。
- F7：代码调试——进入。

以上我们对 PyCharm 做了很多个性化设置，如果由于某种原因需要重新安装，可以将 IDE 的设置导出。如图 3.21 所示，选择"File→Export Settings…"。可以在导出设置时选择不同的类别，如以 jar 包形式导出，如图 3.22 所示。

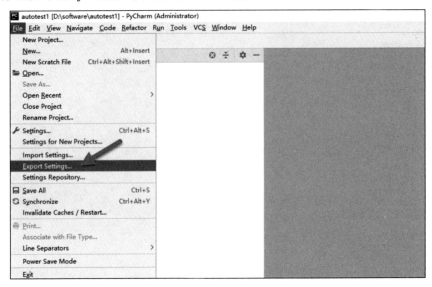

图 3.21

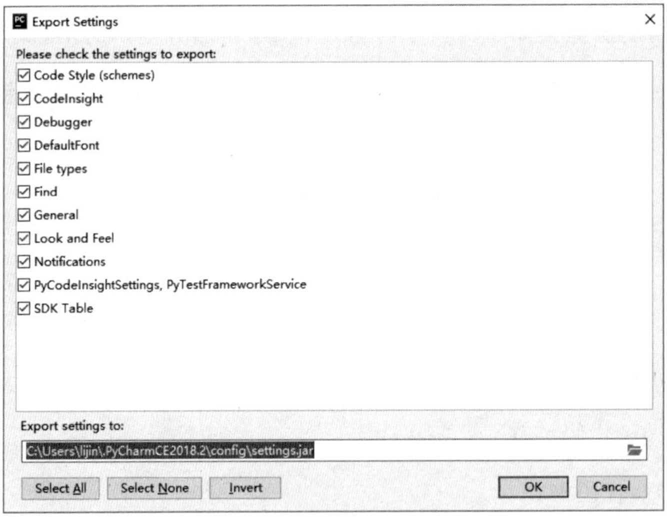

图 3.22

3.1.4　不同浏览器环境搭建

1. IE

搭建 IE 浏览器环境，需要下载对应的 IE 驱动。Selenium 的浏览器驱动器都可以在官网下载，下载地址为"https://www.seleniumhq.org/download/"，如图 3.23 所示。

Third Party Browser Drivers NOT DEVELOPED by seleniumhq

Browser					
Mozilla GeckoDriver	latest	change log	issue tracker	Implementation Status	
Google Chrome Driver	latest	change log	issue tracker	selenium wiki page	
Opera	latest		issue tracker	selenium wiki page	
Microsoft Edge Driver			issue tracker	Implementation Status	
GhostDriver	(PhantomJS)		issue tracker	SeConf talk	
HtmlUnitDriver	latest		issue tracker		
SafariDriver			issue tracker		
Windows Phone			issue tracker		
Windows Phone	4.14.028.10		issue tracker		Released 2013-11-23
Selendroid - Selenium for Android			issue tracker		
ios-driver			issue tracker		
BlackBerry 10			issue tracker		Released 2014-01-28
Appium			issue tracker		
CrossWalk			issue tracker		Released 2014-05-05
QtWebDriver	1.3.1	change log	issue tracker	wiki page	Released 2015-06-17
jBrowserDriver			issue tracker		
Winium.Desktop	latest	change log	issue tracker	wiki, talks & demos	
Winium.StoreApps	latest	change log	issue tracker	wiki, talks & demos	
Winium.StoreApps.CodedUi (Early stage WIP)	latest		issue tracker	talks & demos	

图 3.23

下载完成后，将对应的驱动（名词为：IEDriverServer.exe）放到环境变量中，或者指定路径。比如把 IE 的驱动放在"C:\Program Files (x86)\Internet Explorer"目录下，脚本中需要指定路径；驱动也可以直接放到系统环境变量中，这时脚本不需要指定路径。以打开

"百度首页"为例进行环境测试,代码如下:

```
#引入Python自带的OS代码模块
import os
#导入WebDriver模块
from selenium import webdriver
#设置IE浏览器的WebDriver驱动程序路径
IEDriverServer="C:\\Program Files (x86)\\Internet Explorer\\IEDriverServer.exe"
#设置当前OS WebDriver为IE浏览器的驱动程序
os.environ["webdriver.ie.driver"] = IEDriverServer
#启动IE浏览器
driver = webdriver.Ie(IEDriverServer)
#打开百度首页
driver.get('https://www.baidu.com')
```

2. Chrome

Chrome最近几年发展迅猛,市场占有率也在稳步上升。安装Chrome环境需要下载和Chrome浏览器相匹配的驱动器"chromedriver.exe"。以打开"百度首页"为例,代码如下:

```
from selenium import webdriver
#这里需要指定真实的Chrome浏览器驱动路径
ChromeDriverServer="C:\\Users\\xxx\\chromedriver.exe"
driver = webdriver.Chrome(ChromeDriverServer)
driver.get('https://www.baidu.com')
```

3. Firefox

安装Firefox环境,如果Firefox的版本大于47.0.1,则需要下载驱动,驱动名称为"geckodriver.exe",使用方式同IE和Chrome。

3.2 Mac OS 环境下的安装

关于在Mac OS上的环境安装,本书只介绍Python和Selenium安装,其他的安装步骤与在Windows上的安装步骤类似,在本书中将不再赘述。

3.2.1　Python 安装

通常 Mac OS 默认已经安装了 Python 2，如图 3.24 所示。

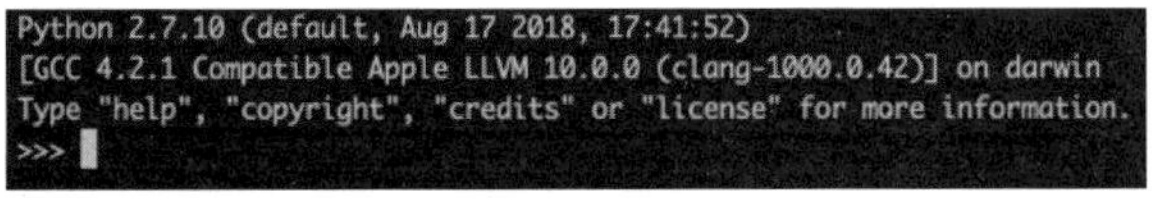

图 3.24

下载 Mac OS 下最新版 Python 安装包，如图 3.25 所示。

图 3.25

双击文件"python-3.7.1-macosx8.9.pkg",如图 3.26 所示，单击"Continue"按钮，最后会提示安装成功。安装完成后，Python 3 默认在路径"/Library/Frameworks/Python.framework/Versions/3.7"下。

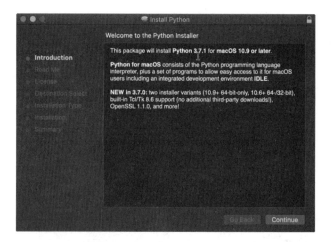

图 3.26

设置 Python 3 的默认版本，执行命令如下：

```
export PATH=/Library/Frameworks/Python.framework/Versions/3.7/bin:${PATH}
source ~/.bash_profile
```

命令行窗口输入“python 3”，窗口显示 Python 3.7.1，说明版本切换成功，如图 3.27 所示。

```
Python 3.7.1 (v3.7.1:260ec2c36a, Oct 20 2018, 03:13:28)
[Clang 6.0 (clang-600.0.57)] on darwin
Type "help", "copyright", "credits" or "license" for more information.
>>>
```

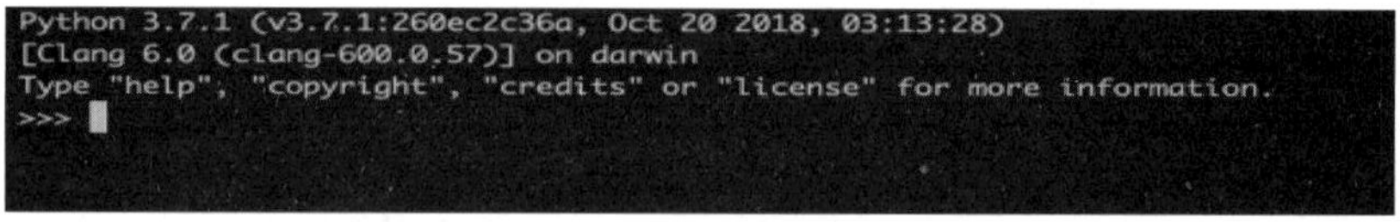

图 3.27

3.2.2 Selenium 安装

使用 pip 安装 Selenium，安装命令为“pip3 install selenium”，安装界面如图 3.28 所示。

```
Collecting selenium
  Downloading https://files.pythonhosted.org/packages/80/d6/4294f0b4bce4de0abf13e17190289f9d0613b0a44e5dd6a7f5ca98459853/selenium-3.141.0-py2.py3-none-any.whl (904kB)
    100% |████████████████████████████████| 911kB 409kB/s
Collecting urllib3 (from selenium)
  Downloading https://files.pythonhosted.org/packages/62/00/ee1d7de624db8ba7090d1226aebefab96a2c71cd5cfa7629d6ad3f61b79e/urllib3-1.24.1-py2.py3-none-any.whl (118kB)
    100% |████████████████████████████████| 122kB 123kB/s
Installing collected packages: urllib3, selenium
Successfully installed selenium-3.141.0 urllib3-1.24.1
```

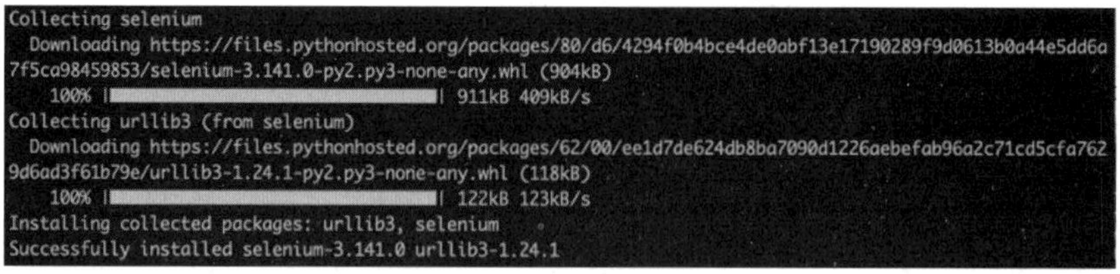

图 3.28

3.2.3 浏览器的驱动

在 Mac OS 上驱动的存放路径一般是/usr/bin 目录。下载完所需要的驱动文件后，把文件放入 bin 目录，便可驱动相应的浏览器，也可以直接放在项目的工程文件中，如图 3.29 所示。

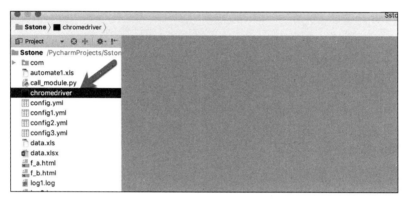

图 3.29

其他软件的安装、使用等和在 Windows 操作系统上类似，不再赘述。

第二篇

基 础 篇

古人云："九层之台，起于累土；千里之行，始于足下。"就是用来说明基础或者根基的重要性的。所以我们需要掌握并熟练运用 Selenium 的关键的基础功能点，需要多实战、多尝试，才能在各种失败或错误中积累经验。本篇的章节如下：

第 4 章　前端技术简介

第 5 章　Selenium 元素定位

第 6 章　Selenium 常用方法

第 7 章　Selenium WebDriver 进阶应用

第 4 章
前端技术简介

在学习用 Selenium 元素定位相关内容之前,需要掌握一定的前端知识。Web 自动化测试与 Web UI 有着密切的联系,比如 HTML、CSS 和 JavaScript 构成了 Web 前端的三大基石。用一句话来概括就是:HTML 是总体的脉络、CSS 是皮肤组织,而 JavaScript 是嵌入两者之间的神经组织。在这一章中,主要介绍 Selenium 自动化涉及的前端技术。

4.1 HTML

HTML 是万维网的核心标记语言,中文译名为"超文本标记语言"。大家经常浏览的网页,其实就是超文本标记语言。超文本标记语言借助于其他的 Web 技术可以创造出功能非常强大的网页。因此,HTML 是 Web 编程的基础。

HTML 文件跟通常意义上的文本文件是不一样的，它不仅有文本内容，还带有各种标签（Tag），比如<html>、<body>等。

4.1.1 HTML 元素

HTML 元素用来标记文本、表示文本的内容，如 body、div、br、img 等都属于 HTML 元素。HTML 元素用"Tag"表示，"Tag"以"<"开始，以">"结束。并且"Tag"通常是成对出现的，如<html></html>，分别叫元素的开始标签和结束标签。到目前为止 HTML 的标签还没有区分大小写，即<HTML>、<HTml>和<html>其实是相同的意思。

HTML 元素是可以拥有属性的。属性可以扩展 HTML 元素的能力，如"Table"标签可以使用"Border"属性来设置"Table"元素的边框，如果要设置一个无边框的表格，则可以设置为"<table border = "0">"。通过例子可以发现，标签的属性通常由属性名和属性值组成，如上例，"Border"是属性名，而"0"是属性值。

HTML 有一些基础的 HTML 元素。

正文标题标签是用来定义正文标题的，字体从大到小，每个标题自成一段，代码如下。

```
<h1>This is a heading</h1>
<h2>This is a heading</h2>
<h3>This is a heading</h3>
<h4>This is a heading</h4>
<h5>This is a heading</h5>
<h6>This is a heading</h6>
```

执行上面 HTML 代码，页面显示如图 4.1 所示。 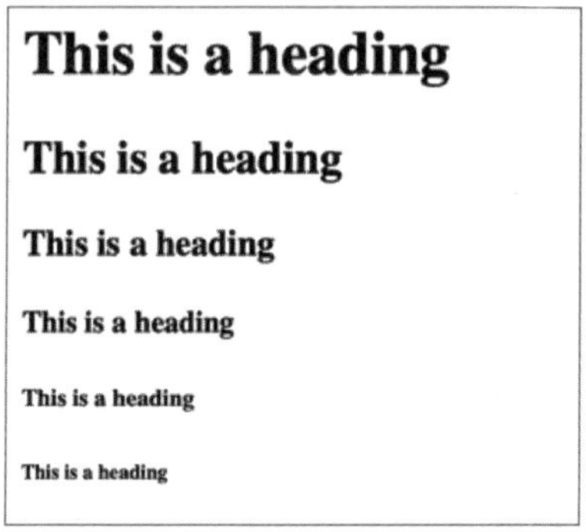

图 4.1

段落标签，HTML 用段落标签划分正文段落。标签为<p>和</p>，用法如 "<p>This is a paragraph</p>"，并且段落标签是自动换行的。

换行标签，可以通过使用标签 "<br>" 实现内容换行的功能。

HTML 注释标签，在实际应用中，HTML 代码会有一些注释标签用于解释代码，用法如 "<!--这是一个注释标签-->"。

常用文本格式的标签如下：

- <b></b>，文本加粗。
- <i></i>，文本斜体。
- X₂，其中 2 是下标。
- X²，其中 2 是上标。

HTML 特殊字符用法，最常用的字符实体如表 4.1 所示。用法是，如果要在 HTML 页面上显示一个空格，不能直接用空字符去表示，而是用字符 " "，其他特殊字符的用法和空格字符类似。

表 4.1

显示结果	说明	Entity Name	Entity Number
	显示一个空格		
<	小于	&lt;	&#60;
>	大于	&gt;	&#62;
&	&符号	&amp;	&#38;
"	双引号	&quot;	&#34;

HTML 超链接示例源码如下，页面上有 2 个超链接，一个是 "百度搜索"，另一个是 "搜狗搜索"。HTML 用<a>标签表示超链接，这个超链接可以指向任何一个文件源，比如另外一个 HTML 网页、一段视频、一个图片等。超链接中的 "href" 属性表示链接文件的路径。

```
<!DOCTYPE html>
<html lang="en">
<head>
    <meta charset="UTF-8">
    <title>Title</title>
```

```html
</head>
<body>
<p>
    <a href="https://www.baidu.com">百度搜索</a>
</p>
<p>
    <a href="https://www.sogou.com">搜狗搜索</a>
</p>

</body>
</html>
```

超链接元素的"target"属性可以实现在新窗口中打开链接文件，源码如下：

```html
<!DOCTYPE html>
<html lang="en">
<head>
    <meta charset="UTF-8">
    <title>Title</title>
</head>
<body>
<p>
    <a href="https://www.baidu.com" target="_blank">百度搜索</a>
</p>
<p>
    <a href="https://www.sogou.com" target="_blank">搜狗搜索</a>
</p>
</body>
</html>
```

HTML 框架标签，使用框架（frame）实现了在浏览器窗口中同时显示多个网页的作用，每一个 frame 标签内的网页是相对独立的，即网页内容是相互不影响的。frame 案例如下，主 HTML 文件源码：

```html
<frameset cols="40%,60%">
<frame src="./f_a.html">
<frame src="./f_b.html">
</frameset>
```

其中用到的 f_a.html 也存放在当前目录下，所以在用"src"属性设置文件路径的时候，用的是相对路径"./f_a.html"。f_a.html 文件源码如下：

```
<!DOCTYPE html>
<html lang="en">
<head>
    <meta charset="UTF-8">
    <title>A</title>
</head>
<body>
<p><font size = "8">This is frame set a </font></p>
</body>
</html>
```

f_b.html 也存放在当前目录下,所以在用"src"属性设置文件路径的时候,用的是相对路径"./f_b.html"。f_b.html 源码如下:

```
<!DOCTYPE html>
<html lang="en">
<head>
    <meta charset="UTF-8">
    <title>B</title>
</head>
<body>
<p><font size = "8">This is frame set b </font></p>
</body>
</html>
```

主 HTML 页面效果如图 4.2 所示,按照"frame"所设置的,f_a.html 页面宽度占比为 40%,而 f_b.html 页面宽度占比为 60%。

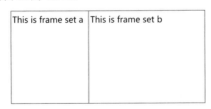

图 4.2

HTML 表格元素用"<table>"表示,一个表格可以分为很多行,用标签"<tr>"表示;每行又可以分成很多单元格,用标签"<td>"表示。如果要创建 2 行 2 列的表格,HTML 代码如下:

```
<html>
```

```html
<body>
<table border = "1">
   <tr>
      <td>100</td>
      <td>200</td>
   </tr>
   <tr>
      <td>300</td>
      <td>400</td>
   </tr>
</table>
</body>
</html>
```

HTML 列表有三种不同的列表形式：排序列表、非排序列表和定义列表。

（1）排序列表。排序列表由标签"<ol>"开始，每个列表项由标签"<li>"开始，示例 HTML 代码如下，HTML 页面效果如图 4.3 所示。

```html
<html>
<head>
<meta http-equiv="Content-Type" content="text/html; charset=utf-8" />
</head>
<body>
<h4>一个排序列表：</h4>
<ol>
<li>百度-搜索</li>
<li>搜狗-搜索</li>
<li>网易-门户</li>
</ol>
</body>
</html>
```

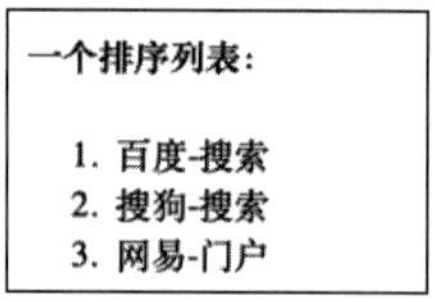

```
一个排序列表：
  1. 百度-搜索
  2. 搜狗-搜索
  3. 网易-门户
```

图 4.3

（2）非排序列表。非排序列表不用数字标记每个列表项，而是采用一个符号标志每个列表项，比如黑色圆点等。它由标签"<ul>"开始，每个列表项由标签"<li>"开始。示例 HTML 代码如下，HTML 页面效果如图 4.4 所示。

```
<html>
<head>
<meta http-equiv="Content-Type" content="text/html; charset=utf-8" />
</head>
<body>
<h4>一个排序列表：</h4>
<ul>
<li>百度-搜索</li>
<li>搜狗-搜索</li>
<li>网易-门户</li>
</ul>
</body>
</html>
```

一个排序列表：
- 百度-搜索
- 搜狗-搜索
- 网易-门户

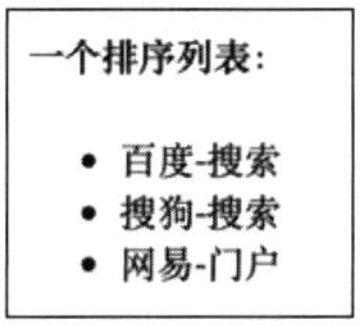

图 4.4

（3）定义列表。定义列表由标签<dl>开始，每个列表项由<dt>开始，再由<dd>标签对每项进行定义，示例 HTML 代码如下，HTML 页面效果如图 4.5 所示：

```
<html>
<head>
<meta http-equiv="Content-Type" content="text/html; charset=utf-8" />
</head>
<body>
<h4>定义列表：</h4>
<dl>
<dt>百度</dt>
<dd>-搜索</dd>
<dt>搜狗</dt>
<dd>-搜索</dd>
</dl>
</body>
</html>
```

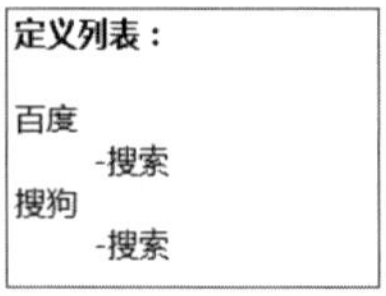

```
定义列表：
百度
    -搜索
搜狗
    -搜索
```

图 4.5

4.1.2 HTML 表单

HTML 表单是 HTML 的一个重要组成部分，可以通过表单抓取和提交信息，实现对数据库的增、删、改、查。

表单一般由三个要素组成：表单标签、表单域和表单按钮。

常用的表单控件如下：

- 单行文本输入框：input type="text"。
- 多行文本输入框：input type="textArea"。
- 提交表单按钮：input type="submit"。
- 复选框：input type="checkbox"。
- 单选框：input type="radio"。
- 下拉框：select。
- 密码输入框：input type="password"。
- 隐藏域：input type="hidden"。

表单示例代码如下，HTML 页面效果如图 4.6 所示。

```
<html>
<head>
<meta http-equiv="Content-Type" content="text/html; charset=utf-8" />
</head>
<body>
<h3>表单示例</h3>
<form action="MAILTO:test123@admin.com" method="post" enctype="text/plain">
Name:<br>
```

```
<input type="text" name="name" value="Username"><br>
E-mail:<br>
<input type="text" name="mail-address" value="Your email address"><br>
Comment:<br>
<input type="submit" value="提交">
<input type="reset" value="重置">
</form>
</body>
</html>
```

图 4.6

4.2 CSS

CSS 指的是层叠样式表，其定义了如何显示 HTML 元素的规则。CSS 主要由选择器和声明构成，以代码"h1 {color:blue; font-size:10px;}"为例，其中"h1"为选择器，大括号内为一条或多条声明，每条声明之间用分号";"分隔，声明中分别定义了标题的字体颜色和字体大小。

CSS 注释是用来解释代码的，浏览器会忽略它，注释语句以"/*"开始，以"*/"结束。示例如下：

/*这是一个 CSS 注释*/

CSS ID 选择器可以标定由 ID 的 HTML 元素指定的样式，ID 选择器由"#"来定义。应用示例如下，其效果就是将元素 ID 属性值为"p1"的段落文字居中，并且使字体颜色为红色。

```
<!DOCTYPE html>
<html>
<head>
<meta charset="utf-8">
```

```html
<style>
#p1
{
   text-align:center;
   color:red;
}
</style>
</head>
<body>
<p id="p1">居中，红色字体的段落</p>
<p>这个段落不受该样式的影响</p>
</body>
</html>
```

CSS Class 选择器也是用于描述一组元素的样式，"class"选择器有别于"id"选择器，"class"可以在多个元素中使用。应用示例如下，实现了将段落标签<p>内文本居中的功能。

```html
<!DOCTYPE html>
<html>
<head>
<meta charset="utf-8">
<style>
p.class1
{
   text-align:center;
}
</style>
</head>
<body>
<h2 class="center">这个标题将不受影响</h2>
<p class="class1">这个段落会居中对齐</p>
</body>
</html>
```

4.3 JavaScript

JavaScript 是前端开发常用的语言之一，有如下特点：

（1）是一门动态类型语言，变量类型无限制，可随时改变变量类型。

（2）是一种基于对象和事件驱动并具有相对安全性的客户端脚本语言。常被 HTML

网页用来添加动态功能，如响应用户的各种操作。其目的是让前端逻辑在客户端执行，增强用户交互性并减少服务器端的压力。

（3）和其他面向对象的语言一样具有抽象、封装、继承和多态等特性。

（4）JavaScript 中有一个原型对象的概念，也就是在类的基础上添加方法，方法只在类中存放，不会在每个对象中存储。

JavaScript 的数据类型，包含了基本数据类型：String、boolean、Number、undefined 和 null。引用数据类型：Object、Array、Date、RegExp、Function。

将以下 JavaScript 代码运用到 HTML 页面中，用来实现获取页面所有的 CheckBox 功能：

```
var domlist = document.getElementsByTagName("input");
    var checkboxlist = [];
    var len = domlist.length;
    for (var i = 0; i < len; i++) {
        if(domlist[i].type == "checkbox"){
            checkboxlist.push(domlist[i])
        }
    }
```

以上代码说明了用 JavaScript 对页面 DOM 对象的操作比较容易和稳定，这些特性对自动化测试来说比较重要。JavaScript 结合 Selenium 实现自动化测试将在后面章节中详细介绍。

第 5 章
Selenium 元素定位

自 Selenium 2.0 之后,WebDriver 就出现在大众的视野中。它是一种利用浏览器原生的 API 封装了一些底层操作的功能,使得它作为一套框架更容易使用。Selenium 支持多种编程语言如 Python、Java、PHP 等。本书采用 Python 3 语言,在开始自动化测试之前有必要先了解一些 Python 基础知识,而后学习 Selenium 八大定位。

5.1 Python 基础知识

Python 是跨平台、开源免费的高级编程语言之一,在自动化测试行业内使用比较广泛。它支持伪编译,可以将 Python 源程序转换为字节码来提高性能。Python 也支持将多语言程序无缝拼装(比如 Python 调用 C 程序代码),这样可以更好地发挥不同工具或语言的优势来满足不同的需求。本节将简单介绍在 Selenium 中经常用到的 Python 基础知识。

Python 变量，变量不需要事先声明变量名和数据类型，可以直接赋值使用，并且适用于任意类型的对象。变量的类型也是随时变化的。如下面的例子：

```
# x 变量类型是 int 型，并且值为"3"
x = 3
#变量类型已经变为了 str 类型
x = "hello "
```

在定义变量名时，要注意的事项如下：

- 变量名定义须以字母或下画线开头。

- 变量名中不能包含空格及标点符号（括号、引号、逗号、问号、句号等）。

- 不能使用关键字作为变量名，对于关键字可以在导入 keyword 模块后，执行"print(keyword.kwlist)"查看。

- 变量名对英文的大小写敏感。

对象模型在 Python 中是一个非常重要的概念，在 Python 中处理的一切都是对象，比如内置对象和非内置对象。内置对象可以直接调用，非内置对象需要导入相关的模块才可以使用。

5.1.1 数字类型

类型名称有 int、float、complex，分别是整型、浮点型和复杂型数字的类型。Python 中的数字大小没有限制，并且支持复数及其相关计算。如整型"1234"、复数型"4+5j"。这里常用的整型按照进制分为二进制、八进制、十进制和十六进制。

- 二进制，必须以"0b"开头，如 0b101 等。

- 八进制，必须以"0o"，如 0o23、0o12 等。

- 十进制，最常用，如 123、−5、0。

- 十六进制，必须以"0x"开头，如 0x11、0xfb 等。

5.1.2 字符串类型

在 Python 中，字符串可以用双引号或单引号来指定，如"上海"或者'上海'。测试代码如下：

```
#coding=utf-8
from_station = "上海"
print(from_station)
print(from_station[1:2])
print(from_station[0:1])
```

以上代码执行之后的结果如图 5.1 所示，代码的第 3 行和第 4 行是对字符串的切片操作，其作用是分别打印字符串中的第 2 个汉字和第 1 个汉字。

```
D:\software\python37\python.exe D:/software/selenium_new/test/test1.py
上海
海
上

Process finished with exit code 0
```

图 5.1

在 Python 中会经常用到特殊字符，和其他开发语言一样，需要转义。Python 常用的转义表如图 5.2 所示。

转义字符符号	字符含义
\'	单引号
\"	双引号
\a	发出系统响铃声
\b	退格符
\n	换行符
\t	横向制表符
\v	纵向制表符
\r	回车符
\f	换页符
\o	八进制数转义
\x	十六进制数转义
\000	\000后的字符串全部忽略

图 5.2

5.1.3　常用的判断与循环语句

作为一门编程语言，基本的判断与循环功能是必须的。比较常用的判断语句如"if"。下面以一个简单的例子来说明 Python 中判断语句的用法，代码如下：

```
#coding=utf=8
#首先给一个变量赋值
a = 10
if a > 10:
```

```
        print("数字大于10")
elif a < 10:
        print("数字小于10")
else:
        print("数字等于10")
```

以上代码输出结果为"数字等于10"。需要注意的有以下两点：

（1）if、elif 及 else 关键字的写法。

（2）每个判断语句都是以冒号":"结尾的，注意代码中涉及的标点符号都是英文符号。

以上是 if 判断语句的用法，比较容易掌握。

Python 中的 for 循环运用也比较广泛。比如要处理一批 Python 对象（特别是有关联的对象）时，需要对列表、集合内的所有元素进行处理，就要运用 for 循环语句来提高代码效率。下面举例说明 for 的用法，代码如下：

```
#coding=utf-8
list1 = ["selenium","appium","python","automation"]

#使用for循环来遍历列表list1中的所有的元素
#第一种方式
for l in list1:
    print(l)

#第二种方式

for index in range(len(list1)):
    print(list1[index])
```

以上代码用两种方法实现了用 for 循环遍历列表元素，都能实现遍历元素的目的：其中第一种方法采用直接遍历元素的方式；而第二种方法采用通过列表下标的方式来获取列表元素。

这里用到了 range()函数。Python 中的 range()函数功能很强大。正如官方 API 描述的那样，如果你需要在一连串的数字上进行迭代，那么内置的 range()函数是一个好的选择。在上例中，"len(list1)"的意思是获取列表的长度，如在上例中列表的长度为"4"；"range(4)"表示 0、1、2、3 这 4 个数字组成的列表，但其实该函数返回的是一个可迭代对象（range 对象），而不是一个列表，这样也是为了节约内存空间。Range 函数在 Python 中运用非常广泛，语法如下：

range(start,stop[,step])

参数说明：

start：计数是从 start 开始的，默认是从 0 开始的。

stop：计数到 stop 结束，但是不包括 stop 自身。

step：步长，默认为 1。

range()函数的测试代码如下：

```
#coding=utf-8
for i in range(10):
    print(i)
print("***************")
for j in range(2,10,2):
    print(j)
print("***************")
print(type(range(10)))
```

以上测试代码执行的结果如图 5.3 所示，运行结果和预期一致。

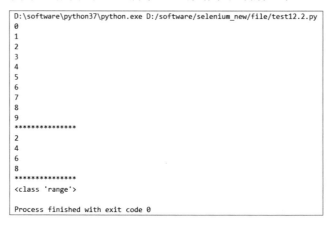

图 5.3

5.1.4 集合

集合的类型名称为"set"或"frozenset"。所有的元素放到一对大括号中，元素之间用逗号隔开，且元素不允许重复。set 集合的元素是可变的，而 frozenset 集合的元素是不可变的。

Python 中的集合一般有如下特性：

- 无序。

- 集合中的元素必须是不可变类型。

创建集合的方法可以直接赋值，也可以运用 set 方法，具体如下代码所示：

```
#coding=utf-8
#第一种创建集合的方式：直接赋值
set_1 = {'a','b','c','d','e'}
print("打印集合 set_1:")
for s in set_1:
    print(s)
#第二种创建集合的方式：用 set 方法
set_2 = set('world')
print("打印集合 set_2:")
for s in set_2:
    print(s)
```

以上创建集合代码的执行结果如图 5.4 所示，从遍历集合元素的结果可以看出，集合拥有无序的特性。

```
/Library/Frameworks/Python.framework/Versions/3.7/bin/python3.7 /PycharmProjects/Sstone/test308.py
打印集合set_1:
b
e
c
a
d
打印集合set_2:
w
l
d
r
o

Process finished with exit code 0
```

图 5.4

集合的相关运算包括子集、并集、交集和差集等运算。

子集运算的示例代码如下，执行结果如图 5.5 所示。

```
#coding=utf-8
#该示例代码主要判断一个集合是否是另外一个集合的子集
#可以用> <符号，或者用 issubset()方法进行判定
set_1 = set('what')
```

```
set_2 = set('whatabout')
set_3 = set('whataboutyou')
#应该返回 True
print(set_1 < set_2)
#应该返回 True
print(set_2 < set_3)
#应该返回 True
#应该返回 True
print(set_3 > set_1)
#结果应该返回 True
print(set_1.issubset(set_2))
```

```
/Library/Frameworks/Python.framework/Versions/3.7/bin/python3.7 /PycharmProjects/Sstone/test308.py
True
True
True
True

Process finished with exit code 0
```

图 5.5

以下的示例代码将介绍并集、交集和差集的用法。并集是指与操作符相关的集合的所有元素的集合，去掉重复的元素。交集是指两个集合，由其中既属于 A 集合又属于 B 集合的元素组成的集合。差集（比如 A 集合与 B 集合的差集）是指由所有属于 A 集合但不属于 B 集合的元素所组成的集合。

```
#coding=utf-8
print("以下为集合并集的操作：")
set_1 = set('what')
set_2 = set('whatabout')
set_3 = set('whataboutyou')
#第一种并集的方法
#set_a = set_1 | set_2
#第二种并集的方法
set_a = set_1.union(set_2)
for s in set_a:
    print(s)
print("以下为集合交集的操作：")
#这是第一种交集的方式
set_b = set_1 & set_2
#这是第二种交集的方式
set_b = set_1.intersection(set_2)
```

```
#打印出交集的集合元素
for s in set_b:
    print(s)

print("以下为集合差集的操作：")
#第一种差集的方式
set_c = set_1 - set_2
#第二种差集的方式
set_c = set_1.difference(set_2)

#打印出差集的集合元素
for s in set_c:
    print(s)
```

以上代码的执行结果如图 5.6 所示。

```
/Library/Frameworks/Python.framework/Versions/3.7/bin/python3.7 /PycharmProjects/Sstone/test308.py
以下为集合并集的操作：
h
u
w
t
a
b
o
以下为集合交集的操作：
h
w
a
t
以下为集合差集的操作：

Process finished with exit code 0
```

图 5.6

5.1.5 列表对象

在 Python 中，列表是非常重要的概念之一。在运用 Python 进行自动化测试的过程中，列表的使用极其广泛。因此，需要重点掌握它的基本用法。列表的类型名称为"list"，有些类似于其他编程语言的数组。所有的元素都被一对方括号包含，元素之间使用英文逗号分隔，并且它们可以是不同的类型。Python 列表的功能和 C 语言的数值相似，但是 Python 的列表的使用更加灵活简单。在单个列表中，其列表元素可以是不同的数据类型，包括整型数字、浮点型数字、字符串，以及对象等。典型的列表写法如下：

list_1 = [3,6,9,"selenium","8.9093",["a","B","C","abc"]]

示例：打印出列表 list_1，代码如下。

```
#coding=utf-8
list_1 = [3,6,9,"selenium","8.9093",["a","B","C","abc"]]
print("以下为直接打印整个list列表：")
print(list_1)
#换行操作
print("\n")
print("以下为逐个遍历列表的元素，并打印：")
#for 循环遍历所有的列表元素，并打印
for l in list_1:    print(l)
```

以上示例代码的执行结果如图 5.7 所示。

```
/Library/Frameworks/Python.framework/Versions/3.7/bin/python3.7 /PycharmProjects/Sstone/test301.py
以下为直接打印整个list列表：
[3, 6, 9, 'selenium', '8.9093', ['a', 'B', 'C', 'abc']]


以下为逐个遍历列表的元素，并打印：
3
6
9
selenium
8.9093
['a', 'B', 'C', 'abc']

Process finished with exit code 0
```

图 5.7

Python 提供了三种方法向列表对象中添加元素。

（1）append()方法：实现在列表的最后添加一个元素，并且一次只能添加一个元素。示例代码如下：

```
#coding=utf-8
list_1 = [3,6,9,"selenium","8.9093",["a","B","C","abc"]]
print("append添加列表元素之前,遍历列表元素,并打印")
#for 循环遍历所有的列表元素，并打印
for l in list_1: #for
    print(l)
list_1.append("a_append")
#换行操作
print("\n")
print("append添加列表元素之后,遍历列表元素,并打印")
#for 循环遍历所有的列表元素，并打印
for l in list_1:
    print(l)
```

以上代码的执行结果如图 5.8 所示。

```
/Library/Frameworks/Python.framework/Versions/3.7/bin/python3.7 /PycharmProjects/Sstone/test301.py
append添加列表元素之前,遍历列表元素,并打印
3
6
9
selenium
8.9093
['a', 'B', 'C', 'abc']


append添加列表元素之后,遍历列表元素,并打印
3
6
9
selenium
8.9093
['a', 'B', 'C', 'abc']
a_append

Process finished with exit code 0
```

图 5.8

（2）extend()方法：实现一次添加多个元素功能，新添加的元素也是在列表的最后的位置。示例代码如下：

```
#coding=utf-8
list_1 = [3,6,9,"selenium","8.9093",["a","B","C","abc"]]
print("append添加列表元素之前,遍历列表元素,并打印")
#for 循环遍历所有的列表元素,并打印
for l in list_1:
    print(l)
list_1.extend(['e','f','g'])
#换行操作
print("\n")
print("append添加列表元素之后,遍历列表元素,并打印")
#for 循环遍历所有的列表元素,并打印
for l in list_1:
    print(l)
```

以上代码的执行结果如图 5.9 所示。

```
/Library/Frameworks/Python.framework/Versions/3.7/bin/python3.7 /PycharmProjects/Sstone/test301.py
append添加列表元素之前,遍历列表元素,并打印
3
6
9
selenium
8.9093
['a', 'B', 'C', 'abc']


append添加列表元素之后,遍历列表元素,并打印
3
6
9
selenium
8.9093
['a', 'B', 'C', 'abc']
e
f
g

Process finished with exit code 0
```

图 5.9

（3）insert()方法：实现在特定位置上添加元素。这里的位置是指元素所在列表中的位置索引号。注意，索引号是从 0 开始的。示例代码如下：

```
#coding=utf-8
list_1 = [3,6,9,"selenium","8.9093",["a","B","C","abc"]]
print("append添加列表元素之前，遍历列表元素，并打印")
#for 循环遍历所有的列表元素，并打印
for l in list_1:
    print(l)
#指在列表的第1（0+1）个位置上添加元素"0"
list_1.insert(0,"0")
#换行操作
print("\n")
print("append添加列表元素之后，遍历列表元素，并打印")
#for 循环遍历所有的列表元素，并打印
for l in list_1:
    print(l)
```

以上代码的执行结果如图 5.10 所示，实现了在列表的第一个位置上添加元素"0"。

```
/Library/Frameworks/Python.framework/Versions/3.7/bin/python3.7 /PycharmProjects/Sstone/test301.py
append添加列表元素之前，遍历列表元素，并打印
3
6
9
selenium
8.9093
['a', 'B', 'C', 'abc']

append添加列表元素之后，遍历列表元素，并打印
0
3
6
9
selenium
8.9093
['a', 'B', 'C', 'abc']

Process finished with exit code 0
```

图 5.10

删除列表元素的操作在 Python Selenium 中也会经常碰到，下面介绍常用的三种方法。

（1）remove()方法：删除列表中的特定元素。例如，假定在列表 list_1 中有一个元素值是"3"，如果要删除它，代码可以写成"list_1.remove(3)"，示例代码如下：

```
#coding=utf-8
list_1 = [3,6,9,"selenium","8.9093",["a","B","C","abc"]]
print("执行删除列表元素之前，遍历列表元素，并打印")
#for 循环遍历所有的列表元素，并打印
for l in list_1:
```

```
    print(l)
#删除'3'这个列表元素
list_1.remove(3)
#换行操作
print("\n")
print("执行删除列表元素之后，遍历列表元素，并打印")
#for 循环遍历所有的列表元素，并打印
for l in list_1:
    print(l)
```

以上代码的执行结果如图 5.11 所示，成功地删除了列表元素"3"。

```
/Library/Frameworks/Python.framework/Versions/3.7/bin/python3.7 /PycharmProjects/Sstone/test302.py
执行删除列表元素之前，遍历列表元素，并打印
3
6
9
selenium
8.9093
['a', 'B', 'C', 'abc']

执行删除列表元素之后，遍历列表元素，并打印
6
9
selenium
8.9093
['a', 'B', 'C', 'abc']

Process finished with exit code 0
```

图 5.11

（2）del 方法：删除列表中指定位置的元素。例如，如果要删除列表 list_1 中位置序号为 1 的元素，代码可以写成"del list_1[1]"，示例代码如下：

```
list_1 = [3,6,9,"selenium","8.9093",["a","B","C","abc"]]
print("执行删除列表元素之前，遍历列表元素，并打印")
#for 循环遍历所有的列表元素，并打印
for l in list_1:
    print(l)
#删除位置序号为 1 的元素，也就是列表中第 2 个元素
del list_1[1]
#换行操作
print("\n")
print("执行删除列表元素之后，遍历列表元素，并打印")
#for 循环遍历所有的列表元素，并打印
for l in list_1:
    print(l)
```

以上代码的执行结果如图 5.12 所示，成功地删除了位置序号为 1 的元素，也就是列表中的第 2 个元素。

```
/Library/Frameworks/Python.framework/Versions/3.7/bin/python3.7 /PycharmProjects/Sstone/test302.py
执行删除列表元素之前，遍历列表元素，并打印
3
6
9
selenium
8.9093
['a', 'B', 'C', 'abc']

执行删除列表元素之后，遍历列表元素，并打印
3
9
selenium
8.9093
['a', 'B', 'C', 'abc']

Process finished with exit code 0
```

图 5.12

（3）pop()方法：将列表中的最后一个元素返回，并将其从列表中删除。示例代码如下：

```
list_1 = [3,6,9,"selenium","8.9093","-9"]
print("执行删除列表元素之前，遍历列表元素，并打印")
#for 循环遍历所有的列表元素，并打印
for l in list_1:
    print(l)
pop_res = list_1.pop()
print("\n")
print("pop()方法返回的元素："+pop_res)
#换行操作
print("\n")
print("执行删除列表元素之后，遍历列表元素，并打印")
#for 循环遍历所有的列表元素，并打印
for l in list_1:
    print(l)
```

以上代码的执行结果如图 5.13 所示，成功地返回了列表的最后一个元素"-9"并删除。

```
/Library/Frameworks/Python.framework/Versions/3.7/bin/python3.7 /PycharmProjects/Sstone/test302.py
执行删除列表元素之前，遍历列表元素，并打印
3
6
9
selenium
8.9093
-9

pop()方法返回的元素：-9

执行删除列表元素之后，遍历列表元素并打印
3
6
9
selenium
8.9093

Process finished with exit code 0
```

图 5.13

列表分片：是指获取列表中的部分元素作为一个新的列表元素。示例代码如下：

```
list_1 = [3,6,9,"selenium","8.9093","-9"]
print("列表分片之前，遍历列表元素，并打印")
#for 循环遍历所有的列表元素，并打印
for l in list_1:
    print(l)
#换行操作
print("\n")
#返回的字符串是列表中的第 4 个元素
temp = list_1[3]
print(temp)
#连续分片，返回的是一个新的列表 temp,列表元素为老列表的第 3、4 个元素组成
#连续分片，返回的是一个新的列表 temp,列表元素为老列表的第 3、4 个元素组成
temp = list_1[2:4] print(temp)
print("列表分片之后，遍历列表元素，并打印")
#for 循环遍历所有的列表元素，并打印
for l in list_1:
    print(l)
```

以上代码执行成功，列表分片操作的预期结果如图 5.14 所示。

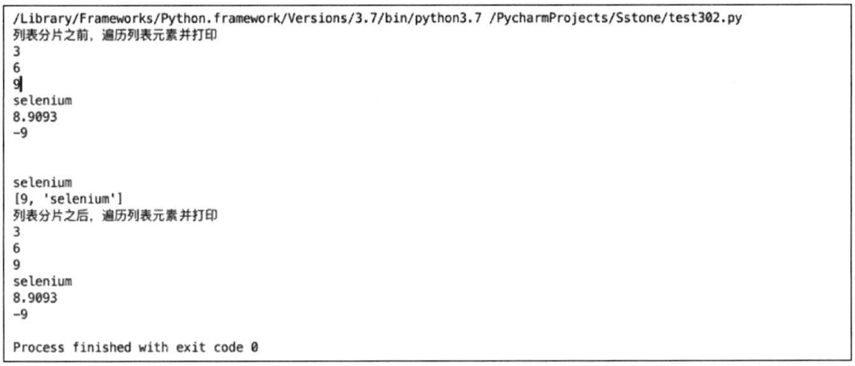

图 5.14

接下来，列举三种常用的列表操作符：

（1）+：作用是多个列表直接进行拼接。示例代码如下：

```
list_1 = [3,6,9,"selenium","8.9093","-9"]
list_2 = [1,4,7,"python","9.9999","-10"]
print("遍历列表 1 并打印")
#for 循环遍历所有的列表元素并打印
```

```
for l in list_1:
    print(l)

print("遍历列表 2 并打印")
#for 循环遍历所有的列表元素并打印
for l in list_2:
    print(l)

list_3 = list_1 + list_2
print("遍历拼接后的列表并打印")
for l in list_3:
    print(l)
```

以上代码执行结果如图 5.15 所示，拼接后的列表元素是列表 1 和列表 2 的综合。

```
/Library/Frameworks/Python.framework/Versions/3.7/bin/python3.7 /PycharmProjects/Sstone/test302.py
遍历列表1,并打印
3
6
9
selenium
8.9093
-9
遍历列表2,并打印
1
4
7
python
9.9999
-10
遍历拼接后的列表,并打印
3
6
9
selenium
8.9093
-9
1
4
7
python
9.9999
-10

Process finished with exit code 0
```

图 5.15

（2）*：作用是实现列表的成倍数的复制和添加，示例代码如下：

```
list_1 = [3,6,9,"selenium","8.9093","-9"]
print("遍历列表 1，并打印")
#for 循环遍历所有的列表元素，并打印
for l in list_1:
    print(l)
```

```
list_3 = list_1*3
print("遍历拼接后的列表,并打印")
for l in list_3:
    print(l)
```

以上代码的执行结果如图 5.16 所示,将列表 list_1 中的元素复制 3 倍后返回新列表。

```
/Library/Frameworks/Python.framework/Versions/3.7/bin/python3.7 /PycharmProjects/Sstone/test302.py
遍历列表1,并打印
3
6
9
selenium
8.9093
-9
遍历拼接后的列表,并打印
3
6
9
selenium
8.9093
-9
3
6
9
selenium
8.9093
-9
3
6
9
selenium
8.9093
-9

Process finished with exit code 0
```

图 5.16

(3) >和<:作用是比较数据型列表的元素。示例代码如下:

```
list_1 = [1,2,3,4,5]
list_2 = [6,7,8,9,10]
print("遍历列表 1 并打印")
#for 循环遍历所有的列表元素并打印
for l in list_1:
    print(l)

print("遍历列表 2 并打印")
#for 循环遍历所有的列表元素并打印
for l in list_2:
    print(l)

print(list_1 > list_2)
print(list_1 < list_2)
```

以上代码的执行结果如图 5.17 所示,list_1 的元素是小于 list_2 的。

```
/Library/Frameworks/Python.framework/Versions/3.7/bin/python3.7 /PycharmProjects/Sstone/test303.py
遍历列表1，并打印
1
2
3
4
5
遍历列表2，并打印
6
7
8
9
10
False
True

Process finished with exit code 0
```

图 5.17

5.2 Selenium 八大定位

以上简要地介绍了本篇 Python 涉及的基础知识，其他一些基础知识分散在项目篇中进行讲解。Python 编程需要的技能需要在实践中得到充实和完善。

在 Selenium 中根据 HTML 页面元素的属性来定位。在 Web 测试过程中常用的操作步骤如下：

（1）定位网页上的页面元素，并获取元素对象。

（2）对元素对象实施单击、双击、拖曳或输入值等操作。

Selenium 提供了 8 种不同的定位方法，分别通过 id、name、xpath、class name、tag name、link_text、partial link text 及 css selector 进行定位。具体的使用细节会在本节中详细介绍。

5.2.1 id 定位

在正式开始讲解 Selenium 元素定位之前，需要对浏览器的驱动程序文件进行全局设置或管理。一种比较简单方便的方式是，将 Chrome 浏览器驱动文件"chromedriver.exe"放到项目目录中，这样就不需要定义驱动文件路径（例如：path="C:\Users\lijin\AppData\Local\Google\Chrome\Application\chromedriver.exe"）。以 Chrome 浏览器为例，初始化的代码可以简化为"driver = webdriver.Chrome()"。本书之后的相关写法，也以这种方式为准。

HTML Tag 的 id 属性值是唯一的，故不存在根据 id 定位多个元素的情况。下面以在百度首页搜索框输入文本"python"为例。搜索框的 id 属性值为"kw",如图 5.18 所示。

图 5.18

代码如下,最后一行表示通过"find_element_by_id"方法来定位搜索框。

```
#coding=utf-8
from selenium import webdriver
driver = webdriver.Chrome()
#打开百度首页
driver.get('https://www.baidu.com')
#在搜索输入框中输入文本"python"
driver.find_element_by_id('kw').send_keys('python')
```

代码运行后,在百度搜索框输入"python",如图 5.19 所示。

图 5.19

5.2.2 name 定位

以上百度搜索框也可以用 name 来实现,如图 5.18 所示,其 name 属性值为"wd",方法"find_element_by_name"表示通过 name 来定位,代码如下:

```
#coding=utf-8
from selenium import webdriver
driver = webdriver.Chrome()
#打开百度首页
driver.get('https://www.baidu.com')
#在搜索输入框中输入文本
driver.find_element_by_name('wd').send_keys('python')
```

运行后效果如图 5.20 所示。

图 5.20

注意：用 name 方式定位需要保证 name 值唯一，否则定位失败。

5.2.3　class 定位

以百度首页搜索框为例，如图 5.18 所示，其 class 属性值为"s_ipt"，"find_element_by_class_name"表示通过 class_name 来定位，代码如下：

```
#coding=utf-8
from selenium import webdriver
#加载 chrome webdriver 驱动
driver = webdriver.Chrome()
#打开百度首页
driver.get('https://www.baidu.com')
#在搜索输入框中输入字符
driver.find_element_by_class_name('s_ipt').send_keys('python')
```

运行后，在百度搜索框输入字符"python"，如图 5.21 所示。

图 5.21

5.2.4 link_text 定位

link_text 是以超链接全部名字作为关键字来定位元素的。以百度首页"新闻"超链接为例，如图 5.22 所示，关键字为"新闻"。

图 5.22

运行以下代码后，浏览器成功地打开了"新闻"链接，如图 5.23 所示。

```
#coding=utf-8
#打开百度首页
driver.get('https://www.baidu.com')
#在百度首页单击"新闻"超链接
driver.find_element_by_link_text('新闻').click()
```

图 5.23

注意：用此方法定位元素超链接，中文字需要写全。

5.2.5　partial_link_text 定位

即用超链接文字的部分文本来定位元素，类似数据库的模糊查询。以"新闻"超链接为例，只需"新"一个字即可，即取超链接全部文本的一个子集。代码如下：

```
#coding=utf-8
#打开百度首页
driver.get('https://www.baidu.com')
#打开新闻
driver.find_element_by_partial_link_text('新').click()
```

5.2.6　CSS 定位

CSS 定位的优点是速度快、语法简洁。表 5.1 中的内容出自 W3School 的 CSS 参考手册。CSS 定位的选择器有十几种，在本节中主要介绍几种比较常用的选择器。

表 5.1

选择器	例子	例子描述
.class	.intro	选择 class="intro"的所有元素
#id	#firstname	选择 id="firstname"的所有元素
*	*	选择所有元素
element	p	选择所有<p>元素

续表

选择器	例子	例子描述
element,element	div,p	选择所有<div>元素和所有<p>元素
element element	div p	选择<div>元素内部的所有<p>元素
element>element	div>p	选择父元素为<div>元素的所有<p>元素
element+element	div+p	选择紧接在<div>元素之后的所有<p>元素
[attribute]	[target]	选择带有 target 属性的所有元素
[attribute=value]	[target=_blank]	选择 target="_blank"的所有元素
[attribute~=value]	[title~=flower]	选择 title 属性中包含单词"flower"的所有元素

以 class 选择器为例，实现在百度搜索框输入"python"，代码如下：

```
#coding=utf-8
from selenium import webdriver
driver = webdriver.Chrome()
driver.get("https://www.baidu.com")
driver.find_element_by_css_selector('.s_ipt').send_keys('python')
```

由上可知 id 定位语法结构为：#加 id 名。实现在百度搜索框输入"python"，代码如下：

```
#coding=utf-8
from selenium import webdriver
driver = webdriver.Chrome()
driver.get("https://www.baidu.com")
driver.find_element_by_css_selector('#kw').send_keys('python')
```

通过以上两个案例可以看出，CSS 定位主要利用属性 class 和 id 进行元素定位。此外，也可以利用常规的标签名称来定位，如输入框标签"input"，在标签内部又设置了属性值为"name='wd'"，测试代码如下，代码执行结果如图 5.24 所示。

```
#coding=utf-8
from selenium import webdriver
driver = webdriver.Chrome()
driver.get("https://www.baidu.com")
driver.find_element_by_css_selector("input[name='wd']").send_keys('python')
```

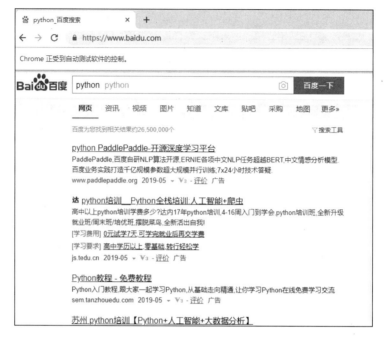

图 5.24

CSS 定位方式可以使用元素在页面布局中的绝对路径来实现元素定位。还是以在百度输入框元素定位为例进行讲解。其元素细节如图 5.25 所示。

图 5.25

通过 Chrome 浏览器开发者工具可以很方便地看到百度首页搜索输入框元素的绝对路径为 "html>body>div>div>div>div>div>form>span>input[name="wd"]"。测试代码如下：

```
#coding=utf-8
from selenium import  webdriver
driver = webdriver.Chrome()
driver.get("https://www.baidu.com")
```

```
driver.find_element_by_css_selector('html>body>div>div>div>div>div>form>span>input[name="wd"]').send_keys('python')
```

CSS 定位也可以使用元素在页面布局中的相对路径来实现元素定位。下面以相同的案例来说明相对路径如何使用,测试代码如下:

```
#coding=utf-8
from selenium import webdriver
driver = webdriver.Chrome()
driver.get("https://www.baidu.com")
driver.find_element_by_css_selector('input[name="wd"]').send_keys('python')
```

其实通过分析对比可以发现,最终相对路径的写法和直接利用标签名称来定位,两者的代码实现的功能是一致的。

5.2.7 XPath 定位

通过 XPath 来定位元素的方式,对比较难以定位的元素来说很有效,几乎都可以解决,特别是对于有些元素没有 id、name 等属性的情况。

1. XPath 简介

XPath 是 XML Path 语言的缩写,是一种用来确定 XML 文档中某部分位置的语言。它在 XML 文档中通过元素名和属性进行搜索,主要用途是在 XML 文档中寻找节点。XPath 定位比 CSS 定位有更大的灵活性。XPath 可以向前搜索也可以向后搜索,而 CSS 定位只能向前搜索,但是 XPath 定位的速度比 CSS 慢一些。

XPath 语言包含根节点、元素、属性、文本、处理指令、命名空间等。以下文本为 XML 实例文档,用于演示 XML 的各种节点类型,便于理解 XPath。

```
<?xml version = "1.0" encoding = "utf-8" ?>
<!-- 这是一个注释节点 -->
<animalList type="mammal">
    <animal categoruy = "forest">
        <name>Tiger</name>
        <size>big</size>
        <action>run</action>
    </animal>
</animalList>
```

其中<animalList>为文档节点,也是根节点;<name>为元素节点;type="mammal"为属性节点。

节点之间的关系:

- 父节点。每个元素都有一个父节点,如上面的 XML 示例中,animal 元素是 name、size,以及 action 元素的父节点。
- 子节点。与父节点相反,这里不再赘述。
- 兄弟节点,有些也叫同胞节点。它表示拥有相同父节点的节点。如上代码所示,name、size 和 action 元素都是同胞节点。
- 先辈节点。它是指某节点的父节点,或者父节点的父节点,以此类推。如上代码所示,name 元素节点的先辈节点有 animal 和 animalList。
- 后代节点。它表示某节点的子节点、子节点的子节点,以此类推。如上代码所示,animalList 元素节点的后代节点有 animal、name 等。

2. XPath 语法

XPath 来自于 XML,又由于 HTML 语言的语法和 XML 比较接近,故 XPath 也支持定位 HTML 页面元素。下面以美团登录为例,采用绝对路径与相对路径演示。网页元素如图 5.26 所示。

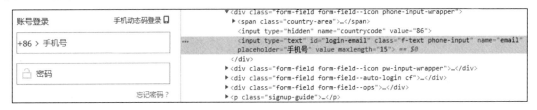

图 5.26

(1)相对路径示例代码如下:

```
#coding=utf-8
from selenium import webdriver
driver = webdriver.Chrome()
driver.get("https://passport.meituan.com/account/unitivelogin?")
driver.find_element_by_xpath('html/body/div/div/div/form/div/input[2]').send_keys('134')
```

（2）绝对路径示例代码如下：

```
#coding=utf-8
from selenium import webdriver
driver = webdriver.Chrome()
driver.get("https://passport.meituan.com/account/unitivelogin?")
driver.find_element_by_xpath('//*[@id="login-email"]').send_keys('134')
```

以上示例采用 input 标签的 id 属性进行定位，也可以用 name 属性进行定位，代码如下：

```
#coding=utf-8
from selenium import webdriver
driver = webdriver.Chrome()
driver.get("https://passport.meituan.com/account/unitivelogin?")
#设置浏览器窗口大小，目的是让滚动条显示出来
driver.find_element_by_xpath("//*[@name='email']").send_keys('1234')
```

5.2.8 tag_name 定位

tag_name 定位即通过标签名称定位，如图 5.27 所示，定位标签"form"并打印标签属性值"name"。

图 5.27

代码如下：

```
#coding=utf-8
from selenium import webdriver
driver = webdriver.Chrome()
```

```
driver.get('https://www.baidu.com/')
print(driver.find_element_by_tag_name('form').get_attribute('name'))
```

成功后控制台输出"f",如图 5.28 所示。

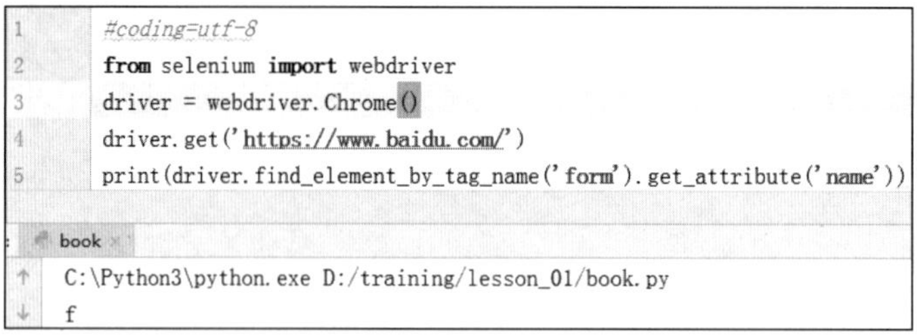

```
1  #coding=utf-8
2  from selenium import webdriver
3  driver = webdriver.Chrome()
4  driver.get('https://www.baidu.com/')
5  print(driver.find_element_by_tag_name('form').get_attribute('name'))

   book
   C:\Python3\python.exe D:/training/lesson_01/book.py
   f
```

图 5.28

本章主要介绍了 Selenium 元素的八大定位,每一种定位方式都有其特殊的用法,读者只要掌握其特殊性即可。需要在项目中多用多想、总结经验,时间久了会对这些定位方式有更深的理解。

第 6 章 Selenium 常用方法

Selenium 元素定位与常用方法类似，都是和页面元素打交道。元素定位负责在页面上定位到期望元素，方法则是对这些元素做出一些期望操作。正是两者的配合才使得 UI 自动化测试变得可能。

6.1 基本方法

1. send_keys 方法

此方法类似于模拟键盘键入。以在百度首页搜索框输入"Selenium"为例，代码如下：

```
#coding=utf-8
# 引用 'webdriver' 模块
from selenium import webdriver
```

```
#启动谷歌浏览器
driver = webdriver.Chrome()
driver.get('https://www.baidu.com/')
#执行后,输入框输入字符"Selenium"
driver.find_element_by_id('kw').send_keys("Selenium")
```

2. text 方法

Selenium 提供了 text 方法用于获取文本值,即 HTML 标签"<a></a>"之间的文字。以在百度首页超链接"新闻"为例,代码如下:

```
#coding=utf-8
from selenium import webdriver
driver = webdriver.Chrome()
driver.get('https://www.baidu.com/')
#执行后,控制台打印"新闻"
print(driver.find_element_by_link_text("新闻").text)
```

3. get_attribute()获取属性值

以百度首页的"百度一下"按钮为例,获取属性 value 对应的值(页面元素如图 6.1 所示),可以用 get_attribute 方法来实现。

图 6.1

示例代码如下所示:

```
#coding=utf-8
from selenium import webdriver
driver = webdriver.Chrome()
driver.get('https://www.baidu.com/')  #打开百度首页
#执行后,控制台打印"百度一下"
print(driver.find_element_by_id('su').get_attribute('value'))
```

4. maximize_window()

该方法用来实现浏览器窗口最大化,代码如下所示:

```
#coding=utf-8
from selenium import webdriver
driver = webdriver.Chrome()
#浏览器窗口最大化
driver.maximize_window()
```

5. current_window_handle

返回窗口句柄,即标识窗口字符串,如图 6.2 所示,当前窗口的句柄字符串是 "CDwindow-4927F74D2FBC4FB4CC3D076CFE9A6AAF"。

```
1  #coding=utf-8
2  from selenium import webdriver
3  driver = webdriver.Chrome()
4  driver.get('https://www.baidu.com/')
5  print(driver.current_window_handle)
```

```
C:\Python3\python.exe D:/training/lesson_01/book.py
CDwindow-4927F74D2FBC4FB4CC3D076CFE9A6AAF
```

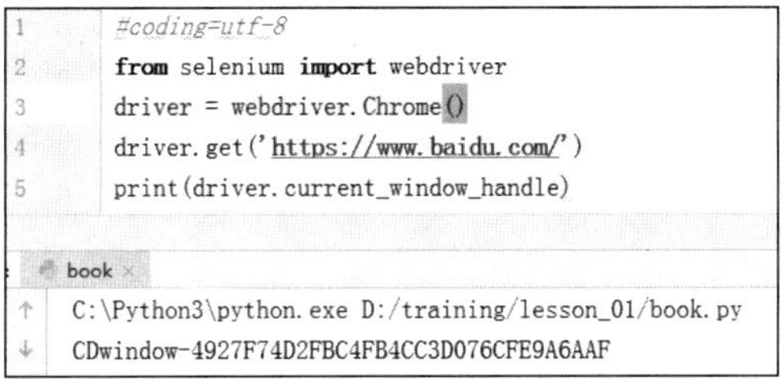

图 6.2

6. current_url

获取当前窗口 URL,如图 6.3 所示,当前浏览器窗口的 URL 是 "https://www.baidu.com"。

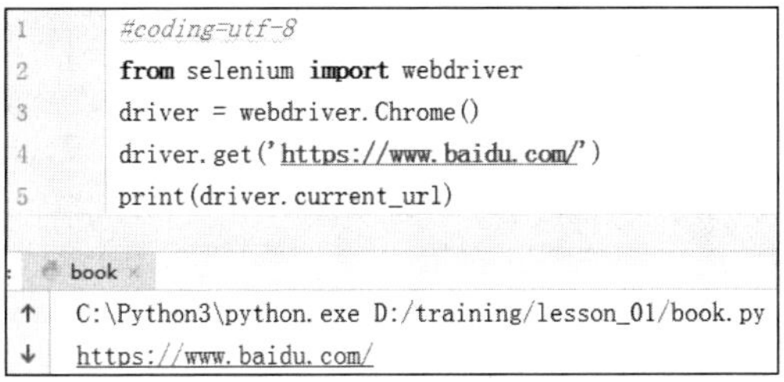

```
1  #coding=utf-8
2  from selenium import webdriver
3  driver = webdriver.Chrome()
4  driver.get('https://www.baidu.com/')
5  print(driver.current_url)
```

```
C:\Python3\python.exe D:/training/lesson_01/book.py
https://www.baidu.com/
```

图 6.3

7. is_selected()

判断元素是否被选择,多用于选择框,如果多选框是被选中的状态返回 "True",反之则返回 "False"。示例代码如下:

```
find_element_by_id('xx').is_enabled()
```

8. is_enabled()

判断页面元素是否可用,可用则返回"True",不可用则返回"False"。示例代码如下:

```
find_element_by_id('xx').is_enabled()
```

9. is_displayed()

判断元素在页面中是否显示,显示则返回"True",不显示则返回"False"。示例代码如下:

```
find_element_by_id('kw').is_displayed()
```

10. clear()

清除输入框值。以在百度搜索框输入"Selenium",再清除为例,示例代码如下:

```
#coding=utf-8
from selenium import webdriver
driver = webdriver.Chrome()
driver.get('https://www.baidu.com/')
driver.find_element_by_id('kw').send_keys('Selenium')
driver.find_element_by_id('kw').clear()
```

11. quit()

关闭浏览器并杀掉 chromedriver.exe 进程。以 Windows 为例,运行后任务管理器中的驱动进程将被杀掉,如图 6.4 所示。

图 6.4

12. title

获取页面"title"。以百度首页为例,对应"title"为"百度一下,你就知道",代码如下:

```
#coding=utf-8
from selenium import webdriver
driver = webdriver.Chrome()
driver.get('https://www.baidu.com/')
#控制台打印 tile "百度一下,你就知道"
print(driver.title)
```

13. refresh()

刷新页面,类似键盘中的"F5"键或"CTRL+F5"键,代码如下:

```
#coding=utf-8
from selenium import webdriver
driver = webdriver.Chrome()
driver.get('https://www.baidu.com/')
#刷新当前页面
driver.refresh()
```

14. back()

浏览器工具栏向后操作,以访问百度首页并后退至空页面为例,代码如下:

```
#coding=utf-8
from selenium import webdriver
driver = webdriver.Chrome()
driver.get('http://www.baidu.com')
#浏览器向后
driver.back();
```

15. forward()

浏览器工具栏向前操作,代码如下:

```
#coding=utf-8
from selenium import webdriver
driver = webdriver.Chrome()
driver.get('http://www.baidu.com')
#浏览器向后
driver.back();
#浏览器向前
driver.forward();
```

6.2 特殊元素定位

6.2.1 鼠标悬停操作

鼠标悬停，即当光标与其名称表示的元素重叠时触发的事件，在 Selenium 中将键盘鼠标操作封装在 Action Chains 类中。Action Chains 类的主要应用场景为单击鼠标、双击鼠标、鼠标拖曳等。部分常用的方法使用分类如下：

- click(on_element=None)，模拟鼠标单击操作。
- click_and_hold(on_element=None)，模拟鼠标单击并且按住不放。
- double_click(on_element=None)，模拟鼠标双击。
- context_click(on_element=None)，模拟鼠标右击操作。
- drag_and_drop(source,target)，模拟鼠标拖曳。
- drag_and_drop(source,xoffset,yoffset)，模拟将目标拖曳到目标位置。
- key_down(value,element=None)，模拟按住某个键，实现快捷键操作。
- key_up(value,element=None)，模拟松开某个键，一般和 key_down 操作一起使用。
- move_to_element(to_element)，模拟将鼠标移到指定的某个页面元素。
- move_to_element_with_offset(to_element,xoffset,yoffset)，移动鼠标至指定的坐标。
- perform()，将之前一系列的 ActionChains 执行。
- release(on_element=None)，释放按下的鼠标。

以百度首页设置为例，使用"move_to_element"的方法，鼠标即可悬停于元素设置，效果如图 6.5 所示，代码如下：

```
#coding=utf-8
from selenium import webdriver
#导入ActionChains类
```

第 6 章　Selenium 常用方法

```
from selenium.webdriver.common.action_chains import ActionChains
driver = webdriver.Chrome()
driver.maximize_window()
driver.get("https://www.baidu.com")
bg_config = driver.find_element_by_link_text("设置")
#这里使用方法 move_to_element 模拟将鼠标悬停在超链接"设置"处
ActionChains(driver).move_to_element(bg_config).perform()
#鼠标悬停时，定位元素，超链接"搜索设置"，然后实现单击操作
driver.find_element_by_link_text("搜索设置").click()
driver.quit()
```

图 6.5

6.2.2　Select 操作

在自动化测试过程中经常会碰到需要定位处理页面的 Select 元素，而 Selenium 提供了处理 Select 元素的方法。

Web 页面中经常会遇到下拉框选项，Select 模块提供了对标准 Select 下拉框的多种操作方法。打开百度，单击"设置→搜索设置"，会出现一个 Select 下拉框，如图 6.6 所示。Select 元素的 HTML 代码如图 6.7 所示。

图 6.6

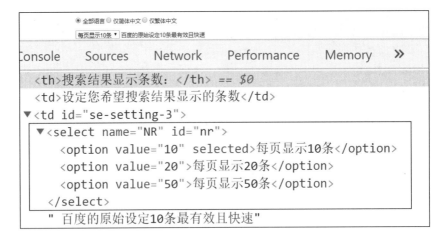

图 6.7

接下来介绍 3 种选择 Select 元素的值的方法。

（1）通过"select_by_index"方式获取下拉框选项，代码如下：

```
#coding=utf-8
import time
from selenium import webdriver
from selenium.webdriver.support.select import Select
#导入ActionChains类
from selenium.webdriver.common.action_chains import ActionChains
driver = webdriver.Chrome()
driver.maximize_window()
driver.get("https://www.baidu.com")
bg_config = driver.find_element_by_link_text("设置")
#模拟将鼠标悬浮于超链接"设置"
ActionChains(driver).move_to_element(bg_config).perform()
#鼠标悬停时，定位元素，超链接"搜索设置"；然后实现单击操作
driver.find_element_by_link_text("搜索设置").click()
time.sleep(3)
se = driver.find_element_by_id("nr")
#index 索引是从 0 开始的，选择 1 则表示第二个选项
Select(se).select_by_index(1)
driver.quit()
```

执行效果如图 6.8 所示，选择了选项"每页显示 20 条"。

第 6 章 Selenium 常用方法

图 6.8

(2) 通过 "select_by_value" 方式获取下拉框选项,代码如下:

```
#coding=utf-8
import time
from selenium import webdriver
from selenium.webdriver.support.select import Select
#导入 ActionChains 类
from selenium.webdriver.common.action_chains import ActionChains
driver = webdriver.Chrome()
driver.maximize_window()
driver.get("https://www.baidu.com")
bg_config = driver.find_element_by_link_text("设置")
ActionChains(driver).move_to_element(bg_config).perform()
#当鼠标悬停时,定位元素,超链接"搜索设置";然后实现单击操作
driver.find_element_by_link_text("搜索设置").click()
time.sleep(3)
se = driver.find_element_by_id("nr")
#第 2 项对应的 value 值为 "20"
Select(se).select_by_value("20")
driver.quit()
```

(3) 用 "select_by_visible_text" 方式获取下拉框选项,在本例中 "visible text" 即为 "每页显示 10 条" "每页显示 20 条" 和 "每页显示 50 条",如图 6.9 所示。

```
▼<td id="se-setting-3">
  ▼<select name="NR" id="nr"> == $0
      <option value="10" selected>每页显示10条</option>
      <option value="20">每页显示20条</option>
      <option value="50">每页显示50条</option>
    </select>
```

图 6.9

代码如下。

```
#coding=utf-8
import time
from selenium import webdriver
from selenium.webdriver.support.select import Select
from selenium.webdriver.common.action_chains import ActionChains
driver = webdriver.Chrome()
driver.maximize_window()
driver.get("https://www.baidu.com")
bg_config = driver.find_element_by_link_text("设置")
ActionChains(driver).move_to_element(bg_config).perform()
#鼠标悬停时,定位元素,超链接"搜索设置";然后实现单击操作
driver.find_element_by_link_text("搜索设置").click()
#不同页面跳转需要时间,设置等待时间
time.sleep(3)
se = driver.find_element_by_id("nr")
#第2项text为"每页显示20条"
Select(se).select_by_visible_text("每页显示20条")
driver.quit()
```

以上用封装好的 Select 方法对下拉框进行操作。对返回选项（options）的信息，也提供了3 种常用的方法。

（1）options，返回 Select 所有的选项，代码如下：

```
#coding=utf-8
import time
from selenium import webdriver
from selenium.webdriver.support.select import Select
from selenium.webdriver.common.action_chains import ActionChains
driver = webdriver.Chrome()
driver.maximize_window()
driver.get("https://www.baidu.com")
bg_config = driver.find_element_by_link_text("设置")
ActionChains(driver).move_to_element(bg_config).perform()
#鼠标悬停时,定位元素,超链接"搜索设置";然后实现单击操作
```

```
driver.find_element_by_link_text("搜索设置").click()
time.sleep(3)
se = driver.find_element_by_id("nr")
Select(se).select_by_visible_text("每页显示20条")
ops = Select(se).options
for i in ops:
    print(i.text)
driver.quit()
```

结果如图 6.10 所示，控制台打印了下拉框中所有的选项。

```
/Library/Frameworks/Python.framework/Versions/3.7/bin/python3.7 /PycharmProjects/Sstone/test604_3.py
每页显示10条
每页显示20条
每页显示50条

Process finished with exit code 0
```

图 6.10

（2）all_selected_options，返回下拉框中已经选中的选项，代码如下：

```
#coding=utf-8
import time
from selenium import webdriver
from selenium.webdriver.support.select import Select
#导入ActionChains类
from selenium.webdriver.common.action_chains import ActionChains
driver = webdriver.Chrome()
driver.maximize_window()
driver.get("https://www.baidu.com")
bg_config = driver.find_element_by_link_text("设置")
ActionChains(driver).move_to_element(bg_config).perform()
driver.find_element_by_link_text("搜索设置").click()
time.sleep(3)
se = driver.find_element_by_id("nr")
Select(se).select_by_visible_text("每页显示20条")
ops = Select(se).all_selected_options
for i in ops:
    print(i.text)
driver.quit()
```

以上代码返回的结果如图 6.11 所示，控制台打印第 2 项。

```
/Library/Frameworks/Python.framework/Versions/3.7/bin/python3.7 /PycharmProjects/Sstone/test604_4.py
每页显示20条

Process finished with exit code 0
```

图 6.11

（3）first_selected_option，返回第一个被选中的选项，示例代码如下：

```python
#coding=utf-8
import time
from selenium import webdriver
from selenium.webdriver.support.select import Select
#导入ActionChains类
from selenium.webdriver.common.action_chains import ActionChains
driver = webdriver.Chrome()
driver.maximize_window()
driver.get("https://www.baidu.com")
bg_config = driver.find_element_by_link_text("设置")
ActionChains(driver).move_to_element(bg_config).perform()
driver.find_element_by_link_text("搜索设置").click()
time.sleep(3)
se = driver.find_element_by_id("nr")
Select(se).select_by_visible_text("每页显示20条")
ops = Select(se).first_selected_option
print(ops.text)
driver.quit()
```

运行结果如图 6.12 所示，控制台打印了第一次选中的选项。

```
/Library/Frameworks/Python.framework/Versions/3.7/bin/python3.7 /PycharmProjects/Sstone/test604_5.py
每页显示20条

Process finished with exit code 0
```

图 6.12

6.2.3 利用 JavaScript 操作页面元素

WebDiver 对部分浏览器上控件并不是直接支持的，如浏览器右侧滚动条、副文本等，而是通常借助 JavaScript 间接操作。WebDriver 提供了 execute_script()和 execute_async_scrip()两种方法来执行 JavaScript 代码，其区别如下：

（1）execute_script 为同步执行且执行时间较短。WebDriver 会等待同步执行的结果，然后执行后续代码。

（2）execute_async_script 为异步执行且执行时间较长。WebDriver 不会等待异步执行代码的结果，而是直接执行后续的代码。

以在百度搜索框输入"Selenium"为例，打开谷歌浏览器的"开发者工具"，选择"Console"页面，在"Console"页键入代码"document.getElementById('kw').value='selenium'"，运行结果如图 6.13 所示。

图 6.13

综上所述，要实现在百度搜索框输入"Selenium"，完整代码如下：

```
#coding=utf-8
from selenium import webdriver
driver = webdriver.Chrome()
driver.maximize_window()
driver.get("https://www.baidu.com")
js = "document.getElementById('kw').value = 'selenium'"
driver.execute_script(js)
driver.quit()
```

用 JavaScript 代码来完成对浏览器滚动条的操作，以在百度搜索框输入"Selenium"为例，代码如下：

```
#coding=utf-8
from selenium import webdriver
driver = webdriver.Chrome()
driver.maximize_window()
driver.get("https://www.baidu.com")
#设置浏览器窗口大小，目的是让滚动条显示出来
driver.set_window_size(800,700)
driver.find_element_by_id('kw').send_keys("Selenium")
driver.find_element_by_id('su').click()
js = "window.scrollTo(100,300)"
driver.execute_script(js)
driver.quit()
```

运行后，效果如图 6.14 所示。

图 6.14

注意：使滚动条滑到底部可用以下 JavaScript 代码：

```
"window.scrollTo(0,document.body.scrollHeight)"
```

6.2.4　jQuery 操作页面元素

jQuery 是 JavaScript 的一个类库，在 JavaScript 基础上深度封装。与 JavaScript 相比，它可以用更少的代码实现同样的功能。它是元素定位的另一个强有力的补充。就像打通了元素定位的任督二脉一样，会让用户在使用 Selenium 的时候更加得心应手。jQuery 选择器的基本语法结构如图 6.15 所示。

和 JavaScript 例子相同：实现在百度搜索框输入文本"Selenium"，页面如图 6.16 所示。

第 6 章　Selenium 常用方法

选择器	实例	选取
*	$("*")	所有元素
#id	$("#lastname")	id="lastname" 的元素
.class	$(".intro")	所有 class="intro" 的元素
element	$("p")	所有 <p> 元素
.class.class	$(".intro.demo")	所有 class="intro" 且 class="demo" 的元素
:first	$("p:first")	第一个 <p> 元素
:last	$("p:last")	最后一个 <p> 元素
:even	$("tr:even")	所有偶数 <tr> 元素
:odd	$("tr:odd")	所有奇数 <tr> 元素
:eq(index)	$("ul li:eq(3)")	列表中的第四个元素（index 从 0 开始）
:gt(no)	$("ul li:gt(3)")	列出 index 大于 3 的元素
:lt(no)	$("ul li:lt(3)")	列出 index 小于 3 的元素
:not(selector)	$("input:not(:empty)")	所有不为空的 input 元素

图 6.15

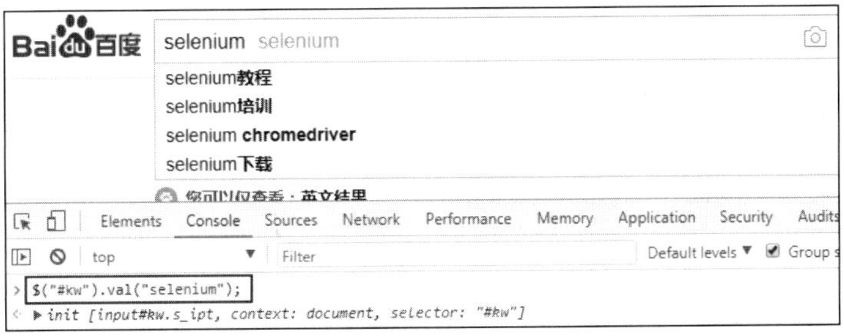

图 6.16

以上例子，jQuery 结合 Selenium 的完整代码如下：

```
#coding=utf-8
from selenium import webdriver
driver = webdriver.Chrome()
driver.maximize_window()
driver.get("https://www.baidu.com")
jq = "$('#kw').val('selenium')"
driver.execute_script(jq)
#以下代码实现单击"百度一下"按钮
jq = "$('#su').click()"
driver.execute_script(jq)
driver.quit()
```

6.2.5 常用的鼠标事件

在自动化测试过程中，经常要和鼠标事件打交道。除常用的鼠标单击操作外，还有以下几种操作。

- context_click()，鼠标右击操作。
- double_click()，鼠标双击操作。
- drag_and_drop()，鼠标拖曳操作。
- move_to_element()，鼠标悬停操作。

接下来，列举鼠标右击操作和鼠标双击操作两个实例。

（1）鼠标右击操作，实现右击百度首页"新闻"超链接。代码如下：

```
#coding=utf-8
from selenium import webdriver
from selenium.webdriver import ActionChains
driver = webdriver.Chrome()
driver.get('https://www.baidu.com')
driver.maximize_window()
element = driver.find_element_by_link_text("新闻")
#实现在新闻超链接上右击
ActionChains(driver).context_click(element).perform()
```

运行后，效果如图 6.17 所示。

图 6.17

（2）鼠标双击操作，实现双击百度首页"新闻"超链接。代码如下：

```
#coding=utf-8
```

```
from selenium import webdriver
from selenium.webdriver import ActionChains
driver = webdriver.Chrome()
driver.get('https://www.baidu.com')
driver.maximize_window()
element = driver.find_element_by_link_text(u"新闻")
#双击"新闻"
ActionChains(driver).double_click(element).perform()
```

6.2.6 常用的键盘事件

经过总结，以下为自动化测试中常用的键盘事件。

- Keys.BACK_SPACE：删除键。

- Keys.SPACE：空格键。

- Keys.TAB：Tab 键。

- Keys.ESCAPE：回退键。

- Keys.ENTER：回车键。

- Keys.CONTROL,"a"：组合键 Ctrl + A。

- Keys.CONTROL,"x"：组合键 Ctrl + X。

- Keys.CONTROL,"v"：组合键 Ctrl + V。

- Keys.CONTROL,"c"：组合键 Ctrl + C。

- Keys.F1：F1 键。

- Keys.F12：F12 键。

用法举例：实现在百度搜索框输入文本"SeleniumTest"并删除输入的最后一个字符，代码如下：

```
#coding=utf-8
from selenium import webdriver
from selenium.webdriver.common.keys import Keys
driver = webdriver.Chrome()
driver.get('https://www.baidu.com')
```

```
driver.implicitly_wait(10)
driver.maximize_window()
driver.find_element_by_id("kw").send_keys("SeleniumTest")
driver.find_element_by_id("kw").send_keys(Keys.BACK_SPACE)
```

注意：最后两行也可以进行合并，写法如下：

```
driver.find_element_by_id("kw").send_keys("SeleniumTest"+Keys.BACK_SPACE)
```

6.3 Frame 操作

Frame 标签有 Frameset、Frame 和 iFrame 三种。Frameset 可以直接按照正常元素定位。Frame 和 iFrame 的定位方法相同，需要把驱动切换到 Frame 内再进行操作。以登录 QQ 邮箱为例，如图 6.18 所示。

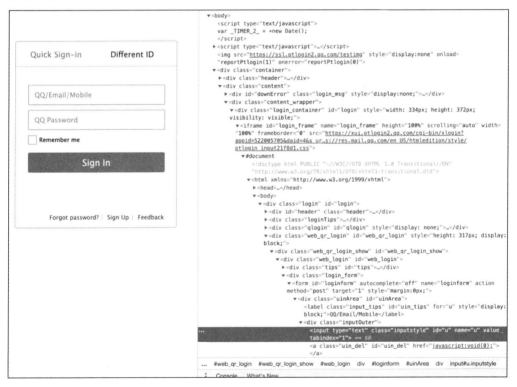

图 6.18

第一步，我们尝试用常规方式对页面进行操作，代码如下：

```
#coding=utf-8
from selenium import webdriver
driver = webdriver.Chrome()
driver.get('https://en.mail.qq.com/cgi-bin/loginpage')
driver.find_element_by_id('u').send_keys('test')
driver.quit()
```

代码执行后操作失败，并提示找不到元素。错误信息如下：

```
raise exception_class(message, screen, stacktrace)
selenium.common.exceptions.NoSuchElementException: Message: no such element: Unable to locate element: {"method":"id","selector":"u"}
```

第二步，按照 Frame 元素定位模式来定位，分析 QQ 登录页面元素，用户名嵌套在 iFrame 内，iFrame 的 id 属性值为"login_frame"，先进行驱动切换操作，代码如下：

```
#coding=utf-8
from selenium import webdriver
driver = webdriver.Chrome()
#打开主页面QQ邮箱登录页面
driver.get('https://en.mail.qq.com/cgi-bin/loginpage')
#驱动切换到iframe
driver.switch_to.frame("login_frame")
#对用户名赋值
driver.find_element_by_id('u').send_keys('test')
#退出浏览器操作
driver.quit()
#打印"测试完成"标记
print('test complete!')
```

运行后，用户名赋值成功，效果如图 6.19 所示。

注意：上面的代码驱动已切换到 Frame 内部，此时只能对 Frame 内部元素进行操作，若要对 Frame 之外的元素进行操作，则需要返回驱动，代码如下：

```
driver.switch_to.default_content()
```

上面例子是借助于 iFrame id 属性来定位 iFrame 的。接下来，再列举另外几种 iFrame 的定位方式：

图 6.19

- 通过 index 来定位。写法：driver.switch_to.frame(0)，其中 0 表示第 1 个的意思，即为第 1 个 iFrame。
- 通过 iFrame name 属性来定位。写法：driver.switch_to.frame("login_frame")。
- 通过 WebElement 对象模式，即用 find_element 系列方法获取元素对象，以上输入 QQ 用户名代码为：

```
driver.switch_to.frame(driver.find_element_by_id("login_frame"))
```

6.4　上传附件操作

　　在运用 Selenium 进行自动化测试的过程中，可能会遇到执行上传附件的操作。Selenium 本身是无法直接识别并操作 Windows 窗口的。在本节中，我们会列举三种上传附件的操作方式。

6.4.1　上传附件操作方式一

如果是 input 类型的标签，并且 type 值为 "file"，那么可以直接通过 send_keys 的方式来绕过弹出框操作，直接将文件信息传递给"添加附件"按钮，如图 6.20 所示。对该元素定位及操作如下：

```
#其中"filepath"请填写真实的文件路径
driver.find_element_by_name("UploadFile").send_keys("filepath")
```

图 6.20

6.4.2　上传附件操作方式二

运用第三方工具 AutoIt 来实现上传。AutoIt 是免费的、运用类 Basic 语言设计开发的一款可以对 Windows 界面进行自动化模拟操作的工具。目前仅支持 Windows 操作系统，主要有以下特点：

- Basic 语法简单易学。
- 可以模拟键盘输入和鼠标移动。
- 可以操作 Windows 窗口和任务进程。
- 可以和所有标准的 Window 控件进行交互。

- 脚本可以编译成单独的可执行程序，易于移植。

- 可以创建图形化用户界面。

- COM 组件支持。

- 支持正则表达式。

- 可以直接调用外部 DLL 库和 Windows API 函数。

AutoIt 的下载地址为"https://www.autoitscript.com/site/autoit/downloads/"，最新版本是 v6.6.x，安装过程很简单，此处省略。

安装完毕后，在安装主目录中双击"Au3Info"选项，出现如图 6.21 所示的界面，它是一个悬浮窗口，用作元素定位，主要作用是探测 Windows 元素。在使用时，用鼠标单击雷达图标"Finder Tool"，拖到需要定位的 Windows 控件即可。

如果要定位如图 6.22 所示的 Windows 窗口输入框"File name"和按钮"Open"，只需要将 Finder Tool 移到相应区域进行探测，如箭头所示位置。

 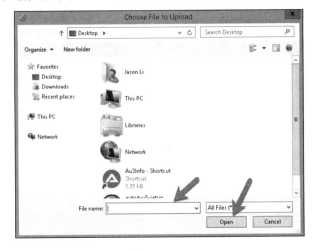

图 6.21　　　　　　　　　　　　图 6.22

识别后的元素名如图 6.23 和图 6.24 所示。

- 输入框控件识别为"Edit1"。

- 打开按钮控件识别为"Button1"。

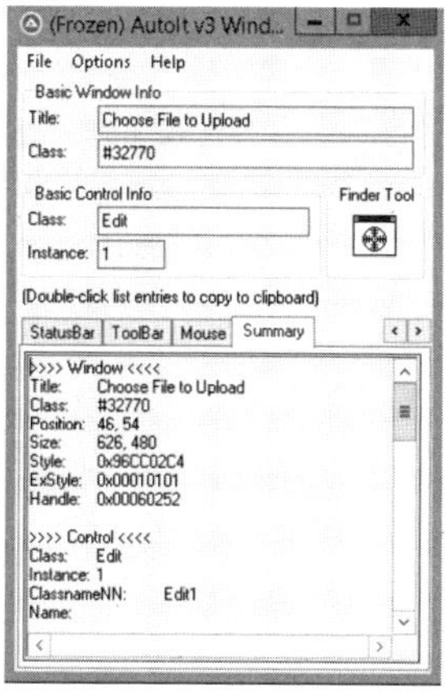

第 6 章 Selenium 常用方法

图 6.23 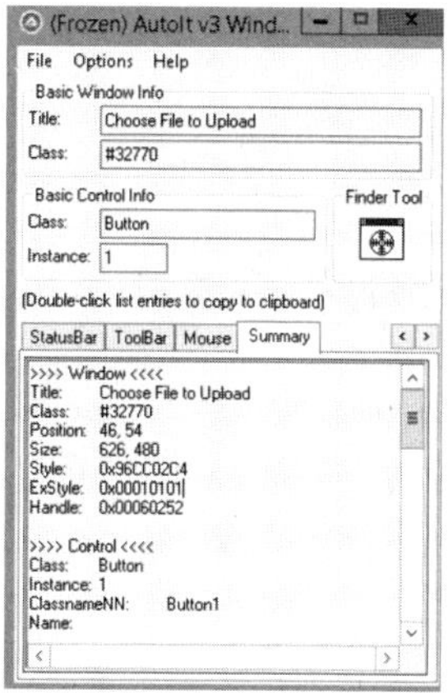 图 6.24

AutoIt 实现上传的步骤如下：

（1）AutoIt 安装后，根据帮助文档"AutoIt Help File"编写测试脚本，并保存为"qqattach.au3"，代码如下：

```
ControlFocus("打开","","Edit")
WinWait("[CLASS:#32770]","",5)
#上传文件 ip.txt 文件
ControlSetText("打开","","Edit1","D:\soft\ip.txt")
Sleep(1000)
ControlClick("打开","","Button1");
```

（2）AutoIt 安装后，打开"AutoIt v3"文件夹，单击"Compile Script to .exe (x86)"应用，选择脚本目录，生成 exe 文件目录，并单击"Convert"按钮，如图 6.25 所示。

图 6.25

（3）打开 QQ 邮箱单击"添加附件"，并双击生成的 qqattach.au3 应用，将上传"ip.txt"文件。

6.4.3 上传附件操作方式三

通过工具 pywinauto 实现上传。pywinauto 是一款界面操作的工具类库，它是用 Python 编写完成的，专门处理 Windows GUI，目前仅支持 Windows 操作系统。其优点是可以直接用 Python 脚本调用，前提是需要引入相应库。

官网地址为"http://pywinauto.github.io/"，直接用命令"pip install pywinauto"安装，用法参见官网帮助文档。下面的代码的功能是利用 pywinauto 实现文件上传：

```
#coding=utf-8
#引入 Application 模块
from pywinauto.application import Application
import time
app =Application()
#定位到窗口
app = app.connect(title_re="打开",class_name="#32770")
#设置文件路径
app['打开']["EDit1"].SetEditText("D:\soft\ip.txt ")
time.sleep(2)
#单击按钮
app["打开"]["Button1"].click()
print("end")
```

6.5 Cookie 操作

Web 测试过程中，常遇到 Cookie 测试，如查看不同浏览器中的 Cookie、Cookie 是否起作用等。在 Selenium 中提供了读取、添加、删除等操作 Cookie 的方法。详细方法如表 6.1 所示。

表 6.1

Cookie 操作方法	方法描述
add_cookie(cookie_dict)	在当前会话中添加 Cookie 信息，并且参数是属于字典类型数据
delete_all_cookies()	删除所有 Cookie 信息
delete_cookie(cookie_name)	删除单个名字为"cookie_name"的 Cookie 信息

（续表）

Cookie 操作方法	方法描述
get_cookie(cookie_name)	返回名为“cookie_name”的 Cookie 信息
get_cookies()	返回当前会话所有的 Cookie 信息

要更好地了解认识 Cookie 则需要清楚其工作模式。以登录博客园为例，近距离地认识 Cookie。

脚本如下：

```
#coding=utf-8
# 导入 'webdriver' 模块
from selenium import webdriver
import time
#加载 Chrome WebDriver 驱动
driver = webdriver.Chrome()
driver.implicitly_wait(5)
driver.maximize_window()
#打开百度主页面
driver.get('https://www.cnblogs.com')
print("before login:")
#打印全部 Cookie
for cookie_detail in driver.get_cookies():
   print(cookie_detail)
#等待 30 秒，方便手动干预输入账号、密码
time.sleep(30)
print("after login:")
for cookie_detail in driver.get_cookies():
   print(cookie_detail)
driver.quit()
```

注意：登录后的 Cookie 多了'name':'.Cnblogs.AspNetCore.Cookies'和'name':'.CNBlogsCookie'，如图 6.26 所示。

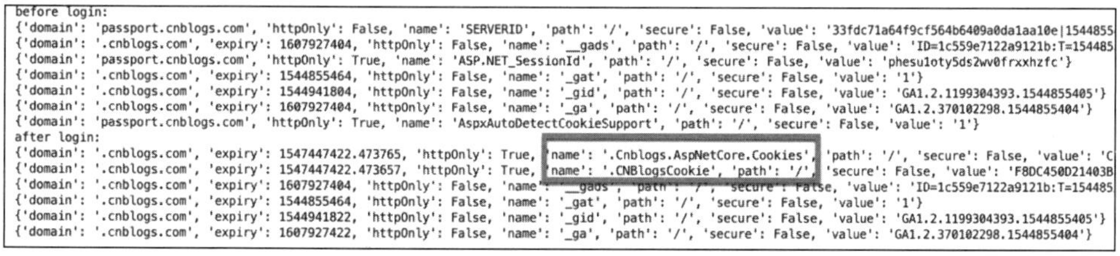

```
before login:
{'domain': 'passport.cnblogs.com', 'httpOnly': False, 'name': 'SERVERID', 'path': '/', 'secure': False, 'value': '33fdc71a64f9cf564b6409a0da1aa10e|1544855
{'domain': '.cnblogs.com', 'expiry': 1607927404, 'httpOnly': False, 'name': '__gads', 'path': '/', 'secure': False, 'value': 'ID=1c559e7122a9121b:T=154485
{'domain': 'passport.cnblogs.com', 'httpOnly': True, 'name': 'ASP.NET_SessionId', 'path': '/', 'secure': False, 'value': 'phesu1oty5ds2wv0frxxhzfc'}
{'domain': '.cnblogs.com', 'expiry': 1544855464, 'httpOnly': False, 'name': '_gat', 'path': '/', 'secure': False, 'value': '1'}
{'domain': '.cnblogs.com', 'expiry': 1544941804, 'httpOnly': False, 'name': '_gid', 'path': '/', 'secure': False, 'value': 'GA1.2.1199304393.1544855405'}
{'domain': '.cnblogs.com', 'expiry': 1607927404, 'httpOnly': False, 'name': '_ga', 'path': '/', 'secure': False, 'value': 'GA1.2.370102298.1544855404'}
{'domain': 'passport.cnblogs.com', 'httpOnly': True, 'name': 'AspxAutoDetectCookieSupport', 'path': '/', 'secure': False, 'value': '1'}
after login:
{'domain': '.cnblogs.com', 'expiry': 1547447422.473765, 'httpOnly': True, 'name': '.Cnblogs.AspNetCore.Cookies', 'path': '/', 'secure': False, 'value': 'C
{'domain': '.cnblogs.com', 'expiry': 1547447422.473657, 'httpOnly': True, 'name': '.CNBlogsCookie', 'path': '/', 'secure': False, 'value': 'F8DC450D21403B
{'domain': '.cnblogs.com', 'expiry': 1607927404, 'httpOnly': False, 'name': '__gads', 'path': '/', 'secure': False, 'value': 'ID=1c559e7122a9121b:T=154485
{'domain': '.cnblogs.com', 'expiry': 1544855464, 'httpOnly': False, 'name': '_gat', 'path': '/', 'secure': False, 'value': '1'}
{'domain': '.cnblogs.com', 'expiry': 1544941822, 'httpOnly': False, 'name': '_gid', 'path': '/', 'secure': False, 'value': 'GA1.2.1199304393.1544855405'}
{'domain': '.cnblogs.com', 'expiry': 1607927422, 'httpOnly': False, 'name': '_ga', 'path': '/', 'secure': False, 'value': 'GA1.2.370102298.1544855404'}
```

图 6.26

此外，Python 也提供了多个库对 Cookie 操作，如 urllib3、http.cookiejar 等。Urllib3 库提供了很多标准库里没有的特性，比如线程安全、实现连接池的管理，支持页面压缩编码和支持客户端 SSL/TLS 验证等功能。

如下示例通过 Urllib3 和 http.cookiejar 结合来实现对 Cookie 的操作，代码如下：

```
#coding=utf-8
from urllib import request
import http.cookiejar
import urllib3
import ssl
ssl._create_default_https_context = ssl._create_unverified_context
#消除 SSL 警告的信息
urllib6.disable_warnings()
#创建 CookieJar 对象
cookie = http.cookiejar.CookieJar()
opener = request.build_opener(request.HTTPCookieProcessor(cookie))
#在打开 URL 的过程中，会将 Cookie 的信息存放至 Cookie 对象中
req = opener.open('http://sogou.com')
#遍历 Cookie 对象
for i in cookie:
    print(i.name + ":"+ i.value)
```

以上代码执行结果如图 6.27 所示。

```
/Library/Frameworks/Python.framework/Versions/3.7/bin/python3.7 /PycharmProjects/Sstone/test673.py
IPLOC:CN3205
SUID:E4096CB42E18960A000000005C472434
ABTEST:0|1548166195|v17

Process finished with exit code 0
```

图 6.27

6.6　Selenium 帮助文档

查看 WebDriver API 的详细用法，可以浏览官方网站，也可以通过在本地启动服务的方式进行查看。

DOS 窗口输入命令"python –m pydoc–p4567"，Server 启动后如图 6.28 所示。

```
D:\>python -m pydoc -p4567
pydoc server ready at http://localhost:4567/
```

图 6.28

访问网址是"http://localhost:4567/",页面如图 6.29 所示。

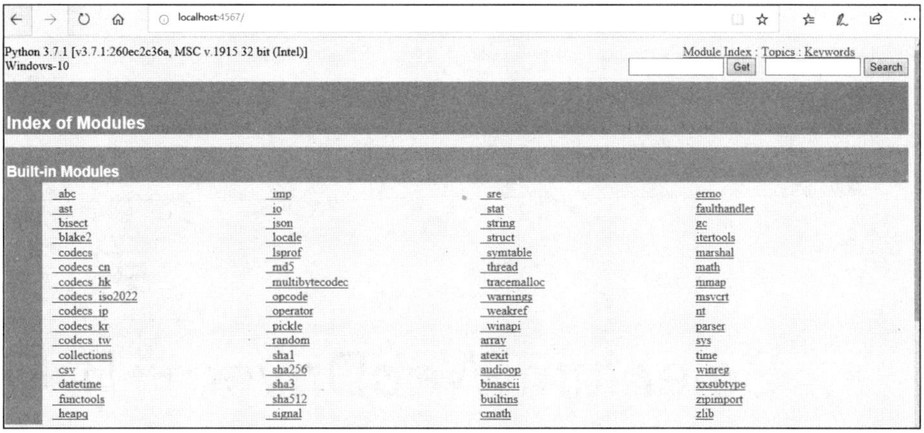

图 6.29

选择"selenium->webdriver->remote->webdriver"文件夹,可以查看当前环境支持的 WebDriver,如图 6.30 所示。

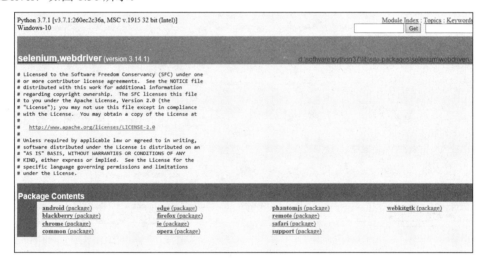

图 6.30

通过本章的学习,读者可以掌握 Selenium 的常用方法,包括熟悉每种方法使用的场景或者前提条件。

第 7 章 Selenium WebDriver 进阶应用

本章将讲解 WebDriver 中的一些高级应用,掌握了这些知识点,读者在自动化测试的职业发展中可以往前更进一步。

7.1 滑块操作

滑块作为安全验证机制的一种,经常在登录或者注册时涉及。但是在自动化测试时,需要想办法用代码的方式来处理滑块。下面以携程网的注册页面为例来演示如何操作滑块。网站 URL 是"https://passport.ctrip.com/user/reg/home",代码实现要遵循的流程如表 7.1 所示。

表 7.1

步骤	动作
1	打开携程网注册页面 https://passport.ctrip.com/user/reg/home
2	单击"同意并继续"按钮,在"携程用户注册协议和隐私政策"处弹出窗
3	在验证手机步骤显示"滑块验证"功能。需要用代码的方式来拖曳滑块到最右侧

7.1.1 携程注册业务分析

需要同意携程用户注册协议和隐私政策,如图 7.1 所示。

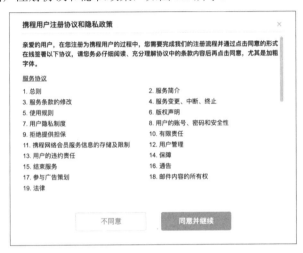

图 7.1

之后在用户注册页面显示滑块验证功能,如图 7.2 所示。

图 7.2

7.1.2 滑块处理思路

Selenium 中对滑块的操作基本是采用元素拖曳的方式，而这种方式需要用到 Selenium 的 Actionchains 功能模块。

先分别求出滑块按钮和滑块区域的长度和宽度。在以下代码运行后，控制台分别打印这两个元素的长度与宽度，代码如下：

```
from selenium import webdriver
from selenium.webdriver.common.action_chains import ActionChains
import time
driver = webdriver.Chrome()
driver.get("https://passport.ctrip.com/user/reg/home")
driver.find_element_by_css_selector("#agr_pop>div.pop_footer>a.reg_btn.reg_agree").click()
time.sleep(3)
#以下代码的功能是获取滑块元素
sour=driver.find_element_by_css_selector("#slideCode>div.cpt-drop-box>div.cpt-drop-btn")
print( sour.size['width'])
print(sour.size["height"])
#以下代码的功能是获取滑块区域元素
ele=driver.find_element_by_css_selector("#slideCode>div.cpt-drop-box>div.cpt-bg-bar")
print( ele.size['width'])
print(ele.size["height"])
```

代码执行后控制台输出的结果如图 7.3 所示，说明滑块按钮和滑块区域的高度都是 40px，而它们的宽度分别是 40px 和 300px。

图 7.3

下面来实现执行滑块的操作，如注册业务分析中提到的那样，执行滑块的拖曳操作需要使用到功能模块 ActionChains 的 drag_and_drop_by_offset 方法。完整的演示代码如下：

```python
from selenium import webdriver
from selenium.webdriver.common.action_chains import ActionChains
import time
driver = webdriver.Chrome()
driver.get("https://passport.ctrip.com/user/reg/home")
driver.find_element_by_css_selector("#agr_pop>div.pop_footer>a.reg_btn.reg_agree").click()
time.sleep(3)
sour=driver.find_element_by_css_selector("#slideCode>div.cpt-drop-box>div.cpt-drop-btn")
ele=driver.find_element_by_css_selector("#slideCode>div.cpt-drop-box>div.cpt-bg-bar")
#拖动滑块
ActionChains(driver).drag_and_drop_by_offset(sour,ele.size['width'],-sour.size["height"]).perform()
```

执行以上代码,结果如图 7.4 所示,滑块条变成绿色,证明滑块拖曳操作成功。

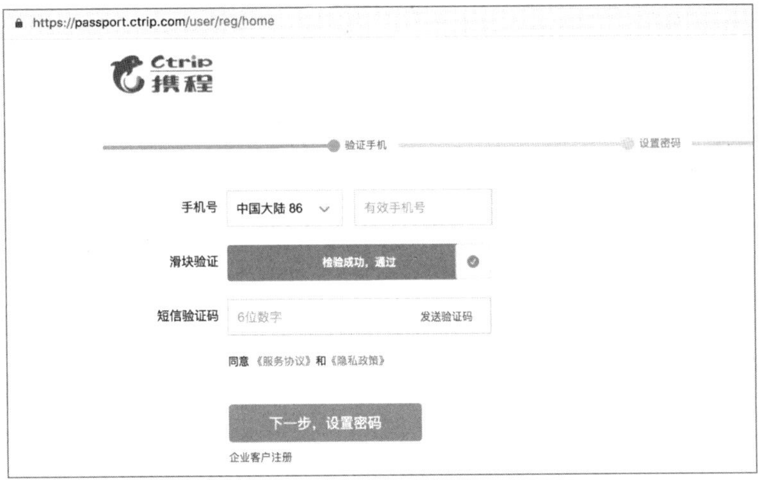

图 7.4

7.2 项目中的截图操作

本节主要介绍页面元素的截图操作,在构建实际项目的过程中经常会使用。一种场景是用在执行测试出错时,可以对报错的页面截屏,便于自动化测试人员追踪并解决问题;另一种场景是验证码截图，在后面的章节中会详细讲解。

7.2.1 页面截图

页面截图相对比较简单，可以直接用 Selenium 自带的方法 "save_screenshot"。下面以去哪儿网登录页面为例，对整个页面进行截图，代码如下：

```
from selenium import webdriver
driver = webdriver.Chrome()
driver.get("https://user.qunar.com/passport/login.jsp?")
driver.maximize_window()
time.sleep(4)
#对页面截图
driver.save_screenshot("qu.png")
```

运行后在工程目录下生成图片，如图 7.5 所示。

图 7.5

7.2.2 元素截图

验证码如果要用图像识别等方式去处理，需要先对验证码元素进行截图，我们先对整个页面截图，再通过验证码位置裁切的方式获取验证码图片。元素截图需要安装第三方 pillow 库，安装命令为 "pip install pillow"。以去哪儿网登录页面为例，代码如下：

```
from selenium import webdriver
```

```
import time
from PIL import Image
driver = webdriver.Chrome()
driver.get("https://user.qunar.com/passport/login.jsp?")
driver.maximize_window()
time.sleep(4)
driver.save_screenshot("qu.png")
imgcode=driver.find_element_by_id("vcodeImg")
left= imgcode.location['x']
top= imgcode.location['y']
right = left+imgcode.size['width']
bottom = top+imgcode.size['height']
im = Image.open("qu.png")
im = im.crop((left,top,right,bottom))
im.save('t.png')
```

代码运行后，项目工程目录下成功生成验证码图片"t.png"。

7.2.3 验证码处理思路

验证码在当今的软件中应用非常广泛，如手机 App、网页网站等，很多地方在利用这种机制来规避一些安全和隐私问题。在进一步对验证码处理之前，需要了解一下 Python 的字典等对象。

字典采用键值对的形式来表示数据，键和值之间用冒号分隔，每个键值对之间用逗号分隔，整个字典数据用花括号{}括起来。通常我们看到的 JSON 格式的数据和字典数据类型的数据很像，但是其实两者之间有本质的区别，字典是 Python 的一种数据类型，而 JSON 仅仅是一种前端的数据格式而已。如下面的例子：

dic ={"android":"appium","web":"selenium","interface":"python interface automation"}。

- 字典元素查找，如查找 key 为"android"的 value 值，方法是：dic.get('android')。
- 修改 key 对应的 value 值，方法是：dic['android'] = 'appium test'。
- 在字典中添加元素，如 dic['performance'] = 'jmeter'。
- 获取字典长度，如 len(dic)，即得到字典有多少个键值对。

实例演示 Python 中遍历字典键值对的用法，源码如下：

```
#coding=utf-8
dic ={"android":"appium","web":"selenium","interface":"python interface
```

```
automation"}
    for i in dic:
        print(i,dic[i])
```

执行结果如图 7.6 所示。

```
/Library/Frameworks/Python.framework/Versions/3.7/bin/python3.7 /PycharmProjects/Sstone/test914.py
android appium
web selenium
interface python interface automation

Process finished with exit code 0
```

图 7.6

遍历字典键值对也有第二种写法，代码如下：

```
dic ={"android":"appium","web":"selenium","interface":"python interface automation"}
    for key, value in dic.items():
        print(key, value)
```

上述源码执行结果如图 7.7 所示。

```
/Library/Frameworks/Python.framework/Versions/3.7/bin/python3.7 /PycharmProjects/Sstone/test914.py
android appium
web selenium
interface python interface automation

Process finished with exit code 0
```

图 7.7

修改字典的值，示例代码如下：

```
#coding=utf-8
dict_1 = {'Name': 'Jack','Age':18,'Score':100}
dict_1['Name'] = 'Jason' #修改'Name'键的值为"Jason"
#打印'Name'键的值
print("dict_1['name']=" + dict_1['Name'])
```

执行结果如图 7.8 所示，"Name"键的值为"Jason"。

```
test306
C:\Python3\python.exe D:/training/lesson_02/test306.py
dict_1['name']=Jason

Process finished with exit code 0
```

图 7.8

在字典中添加新的键值对，示例代码如下：

```
#coding=utf-8
dict_1 = {'Name': 'Jack','Age':18,'Score':100}
dict_1['Address'] = 'US' #修改'Name'键的值为"Jason"
#打印'Address'键的值
print("dict_1['Address']=" + dict_1['Address'])
```

执行结果如图 7.9 所示。

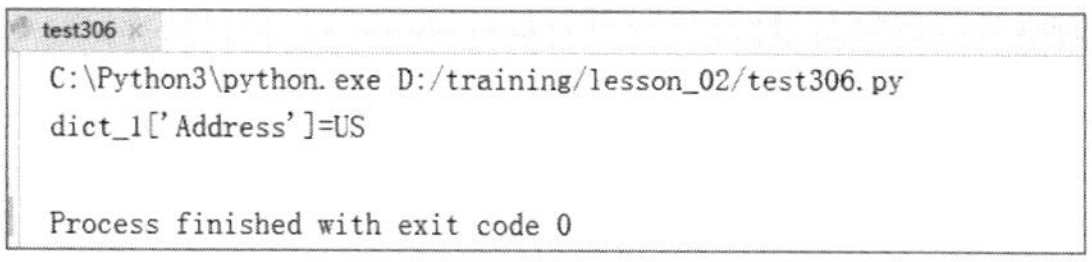

```
test306
C:\Python3\python.exe D:/training/lesson_02/test306.py
dict_1['Address']=US

Process finished with exit code 0
```

图 7.9

下面进行删除字典元素操作，可以删除字典中的一个元素，也可以清空整个字典。以删除一个元素为例，代码如下：

```
#coding=utf-8
dict_1 = {'Name': 'Jack','Age':18,'Score':100}
print("操作字典元素之前，遍历并打印字典元素如下：")
for (key,value) in dict_1.items():
    print(key + ":" + str(value))

#删除字典元素 'Name': 'Jack'
del dict_1['Name']
print("删除一个元素后，遍历并打印字典元素如下：")
for (key,value) in dict_1.items():
    print(key + ":" + str(value))
```

在上述代码中，运用了 del 语句来删除键值对"'Name':'Jack'"。值得注意的是，字典的有些数值，如果不显式地转化，会产生类似"can only concatenate str (not "int") to str"的错误。因此，在 Python 中，常常利用内置函数"str(value)"进行显式转化。以上代码的执行结果如图 7.10 所示。

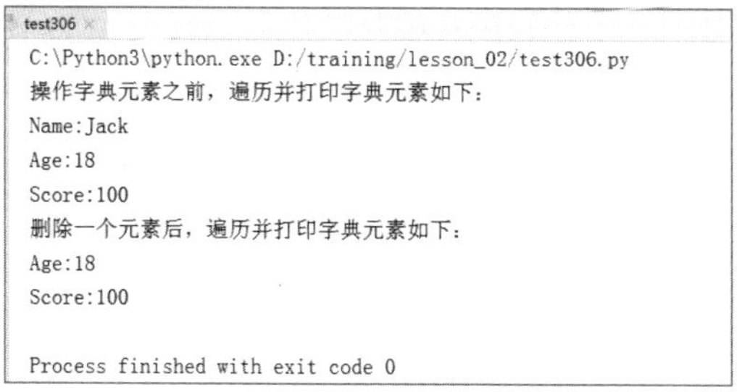

```
test306
C:\Python3\python.exe D:/training/lesson_02/test306.py
操作字典元素之前，遍历并打印字典元素如下：
Name:Jack
Age:18
Score:100
删除一个元素后，遍历并打印字典元素如下：
Age:18
Score:100

Process finished with exit code 0
```

图 7.10

在自动化测试的过程中，有时候要求清空和删除整个字典。清空和删除是两个不太一样的操作，下面将进行具体讲解。

清空操作代码如下：

```
#coding=utf-8
dict_1 = {'Name': 'Jack','Age':18,'Score':100}
print("操作字典元素之前，遍历并打印字典元素如下：")
for (key,value) in dict_1.items():
    print(key + ":" + str(value))

dict_1.clear()
print("操作字典元素之后，遍历并打印字典元素如下：")
print(dict_1)
for (key,value) in dict_1.items():
    print(key + ":" + str(value))
```

以上代码的执行结果如图 7.11 所示，在清空操作之后，字典对象还在，只是字典中没有键值对。

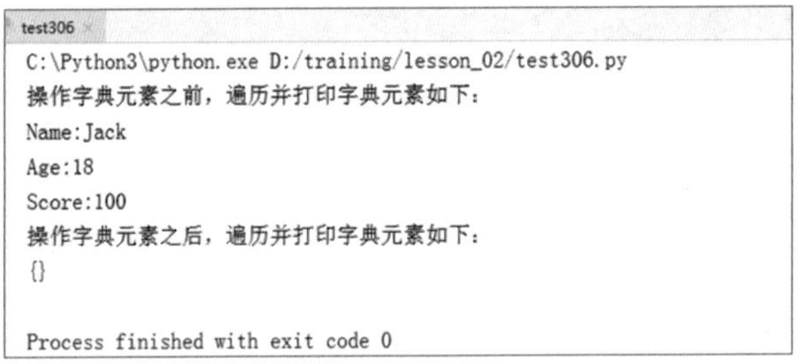

```
test306
C:\Python3\python.exe D:/training/lesson_02/test306.py
操作字典元素之前，遍历并打印字典元素如下：
Name:Jack
Age:18
Score:100
操作字典元素之后，遍历并打印字典元素如下：
{}

Process finished with exit code 0
```

图 7.11

删除操作的代码如下：

```
#coding=utf-8
dict_1 = {'Name': 'Jack','Age':18,'Score':100}
print("操作字典元素之前，遍历并打印字典元素如下：")
for (key,value) in dict_1.items():
    print(key + ":" + str(value))

del dict_1
print("操作字典元素之后，遍历并打印字典元素如下：")
print(dict_1)
for (key,value) in dict_1.items():
```

```
print(key + ":" + str(value))
```

以上代码用 del 语句实现了对字典的删除操作。执行结果如图 7.12 所示，并显示了错误。由此表明，原先的字典对象已经被彻底删除。删除和清空操作的区别也在于此。

以上是对列表、字典等对象的详细介绍。列表与字典对象在 Python 中是使用率比较高的一种对象。可以简单地将它理解为一种数据结构，目的就是存储数据，而存储位置是在内存中。

```
test306
C:\Python3\python.exe D:/training/lesson_02/test306.py
Traceback (most recent call last):
  File "D:/training/lesson_02/test306.py", line 9, in <module>
    print(dict_1)
NameError: name 'dict_1' is not defined
操作字典元素之前，遍历并打印字典元素如下：
Name:Jack
Age:18
Score:100
操作字典元素之后，遍历并打印字典元素如下：

Process finished with exit code 1
```

图 7.12

现在回到验证码的处理中来，其中的一种处理思路是通过 Cookie 操作的形式来绕过验证码甚至是二维码等安全机制。这种方法和思路相对来说简便一些。

下面我们通过百度网盘的登录场景来演示 Cookie 实现自动化登录。

（1）通过脚本抓取初次打开百度网盘首页的 Cookie（假如之前登录过，建议先清理一下 Cookie），代码如下：

```
from selenium import webdriver
from PIL import Image
driver = webdriver.Chrome()
driver.get("https://pan.baidu.com/")
cookies=driver.get_cookies()
print(cookies)
```

执行以上代码得到 Cookie 的详情如下，从存储类型上看，这是一个字典类型的数据。

[{'domain': '.baidu.com', 'expiry': 1582881120.935221, 'httpOnly': False, 'name': 'BAIDUID', 'path': '/', 'secure': False, 'value': '436A73EBC9EB9669DC86B75BE928E8B9:FG=1'}]

（2）手动登录百度网盘，再抓取一次 Cookie（脚本如下所示）。跟上一步的脚本相比，这里增加了一个在执行抓取 Cookie 操作之前的长时间等待。在等待的过程中，测试人员将手动登录百度网盘。

```
from selenium import webdriver
import time
driver = webdriver.Chrome()
driver.get("https://pan.baidu.com/")
#代码执行到此步，需要手动登录百度网盘。
time.sleep(20)
cookies=driver.get_cookies()
print(cookies)
```

（3）比较一下两次得到的 Cookie 值的差别，找出哪些项是在第一次 Cookie 值中没有的。通过添加这些缺少的值，来实现自动化登录。比较 Cookie 差别的详细分析过程在这里就不一一描述了，自动化登录的脚本如下。

```
from selenium import webdriver
import time
from PIL import Image
driver = webdriver.Chrome()
driver.get("https://pan.baidu.com/")
'''
time.sleep(20)
cookies=driver.get_cookies()
print(cookies)
'''
coo =[{'domain': '.baidu.com', 'expiry': 1577880666.270573, 'httpOnly': False, 'name': 'BAIDUID', 'path': '/', 'secure': False, 'value': '5F2BEFF36DF2066CD41FC1A0B683FC6A:FG=1'}, {'domain': '.baidu.com', 'expiry': 1805544677.78773, 'httpOnly': True, 'name': 'BDUSS', 'path': '/', 'secure': False, 'value': 'dzcy15bTlwclBCM2k3NWc4UW9WeEswa3lvTlZVR1BmSG5zSFRnYXpCaFVUV WxjQVFBQUFBQUFBJCQAAAAAAAAAAAEAAACfsRPqsK7QprXExa7J-jk2AAAAAAAAAAAAAAAAAAAAA AAAAAAAAAAAAAAAAAAAAAAAAAAAAAAAAAAAAAAAAAAAAFTAIVxUwCFcNE'}, {'domain': '.pan.baidu.com', 'expiry': 1548936679.568986, 'httpOnly': True, 'name': 'SCRC', 'path': '/', 'secure': False, 'value': '175fc92046e82fe69c6bf7e3136ccce0'}, {'domain': 'pan.baidu.com', 'expiry': 4138344678.879698, 'httpOnly': False, 'name': 'pan_login_way', 'path': '/', 'secure': False, 'value': '1'}, {'domain': '.pan.baidu.com', 'expiry': 1546431086.000784, 'httpOnly': True, 'name': 'PANPSC', 'path': '/', 'secure': False, 'value': '7510796547527406518%3Alerd BBtX5a8cdsRZ0BVdhOn90oj%2BY%2FIssQ%2F0m%2FxncDQZTC6F31NtRNFLhumo1Yci7UGb%2BBBwsn zlKu8WyLCLL4euXvJ%2Fh0Blj2JnHdAqj4cpTefW8aCRF9VfUDd9arCIiMKyNsrzXlkZ9ZcgdTWZcl2 NtiaXV6jA2rsgnNL%2BLYct9tn9thbnTpv7IiW4JizVanZlv3sbf6BI%3D'}, {'domain': '.pan.baidu.com', 'expiry': 1577880679.022701, 'httpOnly': False, 'name': 'PANWEB', 'path': '/', 'secure': False, 'value': '1'}, {'domain': '.pan.baidu.com', 'expiry': 1577880680, 'httpOnly': False, 'name': 'Hm_lvt_7a3960b6f067eb 0085b7f96ff5e660b0', 'path': '/', 'secure': False, 'value': '1546344681'},
```

```
{'domain': '.pan.baidu.com', 'expiry': 1548936679.568947, 'httpOnly': True,
'name': 'STOKEN', 'path': '/', 'secure': False, 'value': 'd19d2b84429e152fd7
f439acb853127b004eb97135c551f1db660f850d2aaba5'}, {'domain': '.pan.baidu.com',
'httpOnly': False, 'name': 'Hm_lpvt_7a3960b6f067eb0085b7f96ff5e660b0', 'path':
'/', 'secure': False, 'value': '1546344681'}, {'domain': '.baidu.com', 'expiry':
1547208711, 'httpOnly': False, 'name': 'cflag', 'path': '/', 'secure': False,
'value': '13%3A3'}]

    for cookie in coo:
        driver.add_cookie(cookie)
    time.sleep(5)
    driver.get("https://pan.baidu.com/")
```

执行完以上代码，可以在浏览器中查看百度网盘是否已经自动登录。

另外一种思路是：用图像识别技术来处理验证码，将图片上的字符进行识别并转化成文本字符串。

在这之前，需要讲解一个第三方工具"斐斐打码"。斐斐打码是一个专业图形识别的平台，使用时需在其官网上申请账号，并下载 Python 接口代码。网址为"http://docs.fateadm.com/web/#/1?page_id=37"，关键代码如下：

```
def TestFunc():
            # 用户中心页可以查询到 pd 信息
            pd_id           = "100000"
            pd_key          = "123456"
            # 开发者分成用的账号，在开发者中心可以查询到
            app_id          = "100001"
            app_key         = "123456"
            #识别类型，
            #具体类型可以查看官方网站的价格页选择具体的类型
            pred_type       = "30400"
            api             = FateadmApi(app_id, app_key, pd_id, pd_key)
            # 查询余额
            balance         = api.QueryBalcExtend()
            # api.QueryBalc()

            # 通过文件形式识别:
            file_name       = "img.jpg"
        # 直接返回识别结果
            # result = api.PredictFromFileExtend(pred_type,file_name)
        # 返回详细识别结果
            rsp = api.PredictFromFile(pred_type, file_name)
```

```
'''
# 如果不是通过文件识别，则调用 Predict 接口:
# 直接返回识别结果
# result  = api.PredictExtend(pred_type,data)
# 返回详细的识别结果
rsp  = api.Predict(pred_type,data)
'''
just_flag    = False
if just_flag :
if rsp.ret_code == 0:
    # 识别的结果如果与预期不符，可以调用这个接口将预期不符的订单退款
    # 退款仅在正常识别出结果后，无法通过网站验证的情况，请勿非法或者滥用，否则
      可能进行封号处理
    api.Justice( rsp.request_id)

    LOG("print in testfunc")
if __name__ == "__main__":
    TestFunc()
```

以上代码解释如下：

- pd_id 为充值后 PD 账号，pd_key 为 PD 秘钥。

- pred_type 为验证码类型，其中 30400 为 4 位英文数字混合型，如图 7.13 所示。

- file_name 为验证码图片路径。

数字英文

类型	描述	分值	详细分值
30100	1位数字英文	低至 3.6	
30200	2位数字英文	低至 3.6	
30300	3位数字英文	低至 3.6	
30400	4位数字英文	低至 3.6	
30500	5位数字英文	低至 4.3	
30600	6位数字英文	低至 5.4	
30700	7位数字英文	低至 6.3	
30800	8位数字英文	低至 7.2	
30900	9位数字英文	低至 7.9	

图 7.13

以图 7.5 验证码为例执行后，返回字符串类型结果，识别的验证码为第 2 行"gc7f"，如图 7.14 所示：

第 7 章 Selenium WebDriver 进阶应用

图 7.14

下面对以上两种方法进行总结。用 Cookie 方式实现相对来说比较简便，但因部分网站的安全机制，Cookie 无法实现自动登录，而图像识别没有限制。

7.3 Web 页面多窗口切换

在 Web 测试过程中，经常会打开多个窗口，Selenium 无法直接对新页面元素进行定位，需要切换句柄操作。以"hao123"网站为例，单击超链接"hao123 新闻"并单击"娱乐"版块。代码如下：

```
#coding=utf-8
from selenium import webdriver
driver = webdriver.Chrome()
driver.get('https://www.hao123.com/')
#获取当前窗口句柄
current_handle= driver.current_window_handle
#单击超链接
driver.find_element_by_link_text("hao123新闻").click()
#所有窗口句柄，即列表类型
handles=driver.window_handles
#切换到新窗口
driver.switch_to.window(handles[1])
driver.find_element_by_link_text("娱乐").click()
```

代码解释：通过"current_window_handle"方法获取当前窗口字符串，其中"window_handles"方法为当前所有窗口字符串且为列表类型，通过比较发现新窗口句柄为"handles[1]"。

7.4 元素模糊定位

元素模糊定位，从其名字基本可以知道这种元素定位的特性，即根据部分元素属性值来定位元素。因为有些元素的属性值是随机的，但同时又带有一定的规律性，这时为了提高测试代码定位元素的准确性，我们需要寻找其规律，然后集成到函数中进行重构。

下面是北京市行政区划相关的一个简单的 HTML 页面代码，代码文件名称为"beijing.html"，本节将以此页面为例，讲解元素模糊定位的相关知识点。

```
<!DOCTYPE html>
<html lang="en">
<head>
    <meta charset="UTF-8">
    <title>北京行政区划（只包含部分区县）</title>
</head>
<body>
<div name="区县级别划分">
<a id="dongcheng_398" >东城区</a>
<a id="xicheng_209">西城区</a>
<a id="chaoyang_3">朝阳区</a>
<a id="fengtai_176">丰台区</a>
<a id="shijingshan_923">石景山区</a>
<a id="haidian_678">海淀区</a>
</div>
</body>
</html>
```

元素模糊定位即对页面元素属性值进行部分匹配而进行定位的方式。从以上 HTML 代码可以看出，区县信息的 id 属性值的字符串前半部分是固定的，但是后半部分的数字是随机的，在这种情况下比较适合使用元素模糊定位的方法。元素属性值的匹配方式主要有三种，分别为"starts-with""ends-with"和"contains"。笔者准备以"starts-with"与"ends-with"两种方式进行讲解。

1. starts-with

创建如下脚本用于测试"starts-with"。

```
#coding=utf-8
from selenium import webdriver
```

```
driver = webdriver.Chrome()
#以下请输入HTML文件的完整路径
driver.get("D:/software/autotest1/beijing.html")
#以下语句的功能是，使用模糊定位方式来定位超链接"东城区"，从HTML代码中可以看出"东城
区"超链接的id属性是以"dongcheng"开头的
res = driver.find_element_by_xpath("//*[starts-with(@id,'dongcheng')]")
#下面代码的功能是检测代码定位是否成功，如果成功就返回"Success"，如果失败就返回"Failed"
if res:
    print("Start-with定位元素","Success")
else:
    print("Start-with定位元素","Failed")
```

以上脚本执行结果将返回"Success"字样，表明元素定位成功。具体执行结果如图 7.15 所示。

```
D:\software\python37\python.exe D:/software/autotest1/test0525.py
Start-with定位元素 Success

Process finished with exit code 0
```

图 7.15

2. contains

遵循以上测试"starts-with"的脚本写法，"contains"的脚本写法如下，以定位"西城区"超链接元素为例。

```
#coding=utf-8
from selenium import webdriver
driver = webdriver.Chrome()
#以下请输入HTML文件的完整路径
driver.get("D:/software/autotest1/beijing.html")
#以下语句为使用模糊定位方式来定位超链接"西城区"，从HTML代码中可以看出"西城区"超链
接的id属性是包含字符串"xicheng"的
res = driver.find_element_by_xpath("//*[contains(@id,'xicheng')]")

if res:
    print("Contains定位元素","Success")
else:
    print("Contains定位元素","Failed")
```

以上代码运行后结果如图 7.16 所示，结果表明利用"contains"定位方式定位元素成功。

```
D:\software\python37\python.exe D:/software/autotest1/test0525.py
Contains定位元素 Success

Process finished with exit code 0
```

图 7.16

7.5 复合定位

复合定位即定位一组元素，通过"find_elements_xx"方式实现定位，打开百度首页，单击"设置->搜索设置"，选择"搜索语言范围"，如图7.17所示。

图 7.17

通过"find_elements_by_name"复合定位，定位对象是一个列表类型，只需对列表取值便可实现单击不同选项的功能，代码如下：

```
from selenium import webdriver
from selenium.webdriver.support.select import Select
from selenium.webdriver.common.action_chains import ActionChains
import time
driver = webdriver.Chrome(path)
driver.get('https://www.baidu.com/')
ActionChains(driver).move_to_element(driver.find_element_by_link_text('设置')).perform()
time.sleep(2)
driver.find_element_by_class_name('setpref').click()
time.sleep(2)
r = driver.find_elements_by_name("SL")
r.pop(1).click()
```

第三篇

项目篇

归根结底，学习基础的目的就是为了应用，在实战的过程中可以学习到更加深入的知识。结合实际项目的学习能够更好地理解理论知识，深化对理论知识的认识。如同编程一样，刚开始项目很简单、很小，慢慢地随着学习的深入，我们就可以迭代项目代码，扩充完善项目功能。在不断地试错、迭代完善项目的同时，项目的轮廓会越来越清晰。

初学者项目不要贪多、贪大。先分析需求点，然后一点一点去思考怎么实现，解析分割需求时，最好做到功能模块的独立性，这样可以减少程序的耦合度。回到自动化测试的话题，低耦合也可以增强自动化框架的可扩展性。

从简单到复杂、逐步深入分析测试需求，实现我们的项目需求，到最后优化项目需求是一个逐步增强的过程。本篇章节如下。

第 8 章　项目实战

第 9 章　代码优化与项目重构

第 10 章　数据驱动测试

第 11 章　Page Object 设计模式

第 12 章　行为驱动测试

第 8 章 项目实战

本章通过项目实战的方式来让读者对自动化测试有个系统的认识。通过项目实战可以更快地将基础知识串联起来。

8.1 项目需求分析汇总

此部分内容是分析项目要覆盖的业务场景，以及要实现自动化的功能点。这也是真正开始写自动化测试代码之前的一个必要的步骤，在做自动化项目时需要进行前期调研，根据调研结果来确定项目相关的属性，比如适用自动化测试的业务范围，即那些功能适合自动化，确定好测试方法、测试策略等方式。根据项目的不同，需求分析的侧重点也会不一样。

8.1.1 制定项目计划

如何有效地管理以上林林总总的条目呢？答案是制定一个有效的项目计划。项目计划的制定至关重要，它的好坏直接决定项目是否能成功。制定计划就是通盘考虑能预见的活动集合及异常风险等问题。做计划就是为了对这些异常项提早构思弥补方案等。

项目一定要有范围，把范围定义清楚是很重要的。假如项目的范围不清晰，那么最大的问题是，做到什么程度项目是成功的呢。范围不清晰也会带来另外一个问题即验证标准无法确定。因此，范围一定要明晰。如某次自动化测试的项目范围就是测试某网站的登录功能，所以对于网站的其他功能就不需要考虑在内了。

其次是对项目设定目标，对于这一点需要综合评估项目本身，如范围，涉及业务类型、大小、风险评估等。综合评估之后，设定一个较合理的目标。

项目目标设定完成后，就要规划一些活动来支持和完成既定目标。规划活动需要围绕项目目标，否则就没有意义。所以在项目中要避免无效的活动。为了项目目标，需要将这些无效或者低效的活动从项目规划中剔除。

项目计划需要练习。这种描述看起来比较诡异，但确实是笔者最切实的感受。为项目做计划，是没有标准答案的。同一个项目，不同的人去做，最终做出来的项目计划肯定会有不同之处。所以笔者才认为项目计划需要做练习的意思是，需要在不同的、多种多样的项目中做项目计划的练习。

项目执行需要遵循项目计划，如果计划没有被一项一项地落实，那么项目计划的制定只是走过场，没有实质性的作用。项目计划成熟的标志是，它要具有独立性和非主观性，也就是说，一个项目计划，即使让非制定者去执行，也可以顺利进行。

在本篇的项目实战中，项目计划制定如表 8-1 所示，出于篇幅限制，此项目计划书为精简版，只列出关键项，没有时间、人员等信息。读者在实际的项目中，请根据项目的实际情况来创建属于自己的项目计划。项目计划没有固定的格式和内容要求，一个项目实例如表 8.1 所示。

表 8.1

项目简介
此项目是为了自动化地实现在携程网订购火车票的目的
项目启动前置条件
1>携程网工作正常

（续表）

项目简介
2>自动化测试环境准备完毕（Python Selenium 3.0 等）
项目覆盖场景
场景的确定需要根据性能需求分析得出。这样的过程需要多方人员参与，比如开发、测试、产品、项目等
1>火车票查询页面
2>车次列表页面
3>携程账号登录页面
4>订单信息页面

8.1.2 制定测试用例

自动化测试也是需要编写测试用例的，这是规范和追踪测试活动的一个必不可少的环节。切忌在没有测试用例的情况下直接写脚本，或者直接拿手工测试的测试用例作为自动化测试用例。在编写自动化测试用例时，通常要做到以下两点：

- 需要简明扼要，便于理解和易于执行。
- 就测试用例的总体性而言，场景要覆盖全面，比如正反例等。

请参考如下测试用例实例，如表 8.2 所示。

表 8.2

ID	模块名	覆盖功能点	前置条件	测试步骤	预期结果
booking_ticket_01	携程-火车票预订	预订火车票->正例（即一切是正常的输入）	携程网正常工作	（1）打开火车票查询页面。 （2）输入正确的出发站、目的站、出发日期等信息。 （3）选择想预订的车次，提交订单。 （4）在订单页面输入乘客信息	（1）火车票查询页面能正确打开 （2）信息能正常输入，并且正确 （3）可以正常提交订单 （4）乘客信息可以正常输入
booking_ticket_02	携程-火车票预订	预订火车票->反例（即验证非正常/无效的输入）	携程网正常工作	（1）打开火车票查询页面。 （2）输入不存在的出发站/目的站	（1）火车票查询页面能正确打开 （2）信息无法正常输入，或者无法进行下一步
booking_ticket_03	携程-火车票预订	预订火车票->反例（即验证非正常/无效的输入）	携程网正常工作	（1）打开火车票查询页面。 （2）在查询火车票页面，输入一个无效的日期，比如当前时间的前一天等	（1）火车票查询页面能正确打开 （2）火车票日期信息不能正常输入，或者无法进行下一步

我们以携程网购买火车票为例，这里的需求分析主要是业务场景的覆盖和对每个页面上的关键元素的分析。需求分析的主要流程如图 8.1 所示。

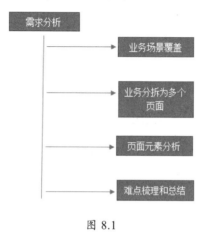

图 8.1

以上是对项目需求的一个简单的分析，通过以上流程图的形式更能清晰地勾勒出项目的需求点。让测试的参与者从全局的角度出发有一个清晰的认识。

8.2 业务场景覆盖与分拆

针对以上的需求分析步骤，业务场景覆盖与分拆是项目进行的前提，这里会做详细的说明。

具体场景是在"携程网"上预订火车票。为了使测试简单，这里只演示在非登录状态下的车票预订场景，并且由于篇幅的限制，项目篇只涉及测试用例中的正向用例（测试用例 ID 为 booking_ticket_01）。

被测试功能主要涉及的页面描述如下：

"火车票查询"页面如图 8.2 所示。

页面 URL 为 "https://trains.ctrip.com/TrainBooking/SearchTrain.aspx"。

输入"出发城市""到达城市"和"出发时间"等必要的信息后，即跳转到"车次列表"页面，如图 8.3 所示。此页面显示的是 4 月 1 号上海到杭州所有的车次列表。

第 8 章 项目实战

图 8.2

图 8.3

在"车次列表"页面选择要订购的车票,单击"预订"按钮后页面跳转到"携程账号登录"页面,如图 8.4 所示。

图 8.4

在"携程账号登录"页面，在页面的最下方单击"不登录，直接预订>"按钮，跳转到"订单信息"页面，如图 8.5 所示。

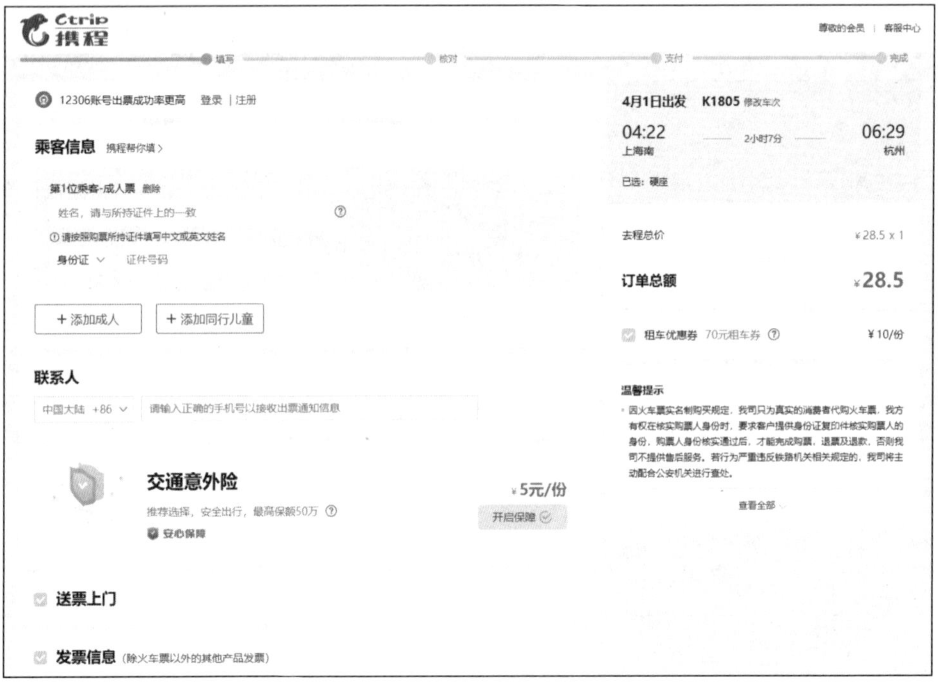

图 8.5

以上是对项目中涉及的页面的粗略统计和认识，总共涉及 3 个页面，具体如下：

- 火车票查询页面。
- 车次列表页面。
- 订单信息页面。

8.2.1　逐个页面元素分析

对项目中用到的元素进行分析。元素定位的方法需要结合元素自身的实际，不一定要用某一种的定位方式。一般的元素定位方式的选择有一定的优先级，比如优先选择 id 定位方式，其次是 name、classname、css、xpath 等方式。对火车票查询页面进行元素分析，如图 8.6 所示。

1. 出发城市【输入框】

此元素的细节如图 8.6 中的高亮部分所示，通过 id 定位的方式来定义元素，值为“notice01”。

```
<!--搜索框-->
▼<div class="base_bd posre">
  ▼<div class="s_box">
    ▶<div class="s_box_tab">…</div>
    ▼<div class="search_box">
      ▶<ul class="search_type" id="searchtype">…</ul>
      ▼<div class="search_form">
        ▼<div class="search_txt">
          ▼<div class="columns2 fl">
              <label>出发城市</label>
...           <input type="text" class="input_txt120 base_txtgray" id="notice01" autocomplete="on" _cqnotice="出发城市" style> == $0
              <div id="notice01div"></div>
            </div>
          ▶<div class="columns2 fr" bus="true">…</div>
          ▶<div class="columns2 fr" style="display:none;" bus="false">…</div>
            <a href="#" class="chage" id="change"></a>
            ::after
          </div>
          <!--单程-->
        ▶<div class="search_txt" id="singleDate">…</div>
          <!--往返-->
```

图 8.6

2. 到达城市【输入框】

此元素的细节如图 8.7 中的高亮所示，通过 id 定位的方式来定义元素，值为“notice08”。

3. 出发时间【日期输入框】

此元素的细节如图 8.8 中的高亮部分显示，可以通过 id 定位的方式来定义元素，值为“dateObj”。在分析页面元素时，读者还可以发现一个细节，即“出发时间”元素有一个属性 readonly，并且其值为“readonly”。

注意：这个字段在 WebDriver 中是不允许直接赋值的。具体内容本章后续会介绍。

图 8.7

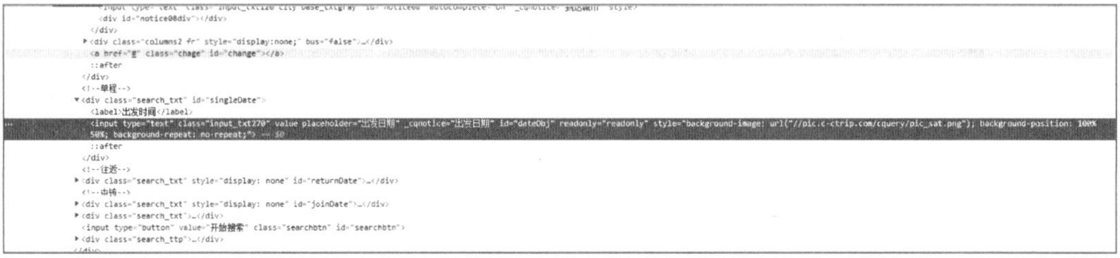

图 8.8

4. 开始搜索【按钮】

"开始搜索"是一个按钮，用于提交搜索表单。该元素通过 id 定位的方式来定义元素，值为"searchbtn"，如图 8.9 所示。

图 8.9

对车次列表页面相关的页面元素进行定位和分析，如图 8.10 所示。

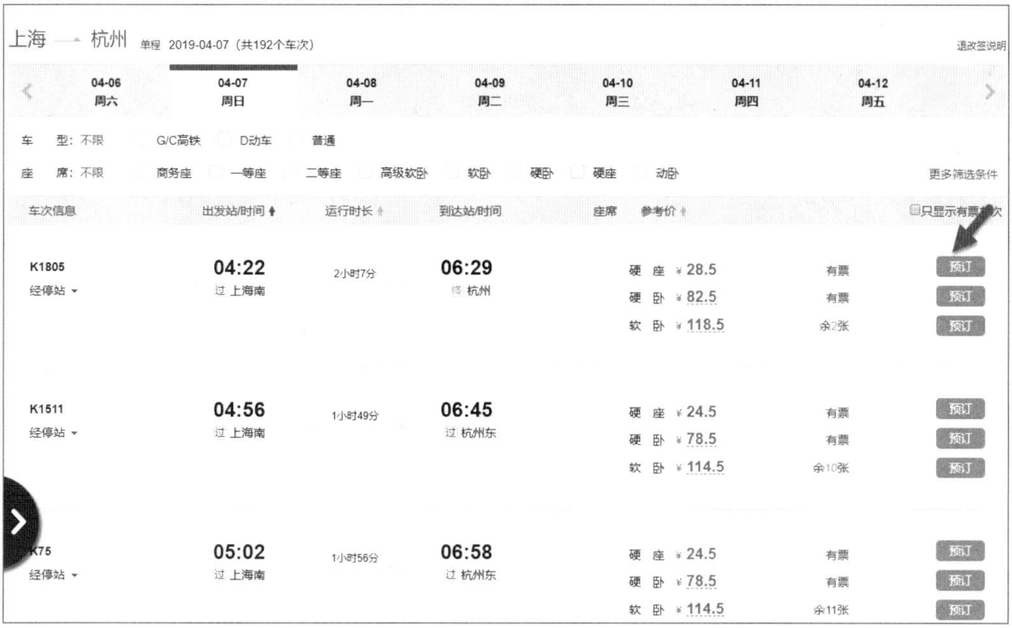

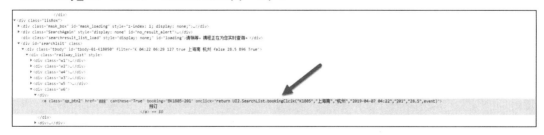

图 8.10

5. 预订【超链接】

预订按钮是一个超链接，用于提交火车票订单，如图 8.11 所示。通过分析元素的 HTML 代码，采用 CSS 方式来定位。定位代码为"driver.find_element_by_css_selector("#tbody-01- K18050 > div.railway_list > div.w6 > div:nth-child(1) > a")"。

图 8.11

在"携程账号登录"页面，需要对页面元素"不登录，直接预订>"进行定位和分析，如图 8.12 所示。

图 8.12

6. 元素"不登录，直接预订>"【超链接】

这是一个超链接，用于实现不用登录即可订票的目的。通过分析元素细节，发现可以用 id 来定位元素，定位代码为"driver.find_element_by_id("btn_nologin")"。

在订单信息页面，需要对页面元素"乘客信息"进行定位和分析，如图 8.13 所示。通过分析元素的细节可以发现，CSS 方式是比较适合此元素定位的。定位语句为"driver.find_element_by_css_selector("#pasglistdiv > div > ul > li:nth-child(2) > input")"。

图 8.13

8.2.2 分层创建脚本

根据火车票查询页面元素定位的情况，先创建 Python 脚本文件 search_tickets.py。在讲解详细的脚本之前，需要了解一下相关的基础知识点，便于更好地理解代码。

1．Python 中导入模块语句

Import 语句是用来导入模块的，原则上它可以出现在程序中的任何位置。举例如下：import math 作用是导入 math 模块。一次性导入多个模块可用如下写法："import module1,module2,module3…"；导入一个模块中的一个方法，写法为"from math import floor"；导入一个模块中的多个方法，类似多个模块的方式，可以用逗号分隔。总体来说，import 语句导入模块时最好按照如下顺序，这样的代码逻辑比较清晰和规范：

（1）Python 标准库模块即 Python 自带库。

（2）Python 第三方模块。

（3）自定义模块。

2．函数

函数是组织好的、可重复使用的、用来实现单一或相关联功能的代码段，目的是为了提高程序代码的复用性和可读性。Python 函数又具有一些独特的优势（可以更灵活地定义函数等），此外 Python 自身也内置了很多有用的函数，开发人员可以直接调用。

函数有六大要点，分别是：

（1）Def。

（2）函数名。

（3）函数体。

（4）参数。

（5）返回值。

（6）两个英文符号，小括号()，里面是参数的定义内容和冒号。

Python 函数有五大要素：def、函数名、函数体、参数、返回值。

如图 8.14 所示是一个函数的样例，实现了求和的功能，其中 def sum(a,b)部分声明函数名

"sum"和参数部分"a,b",后面紧接一个冒号":"可以理解为声明函数的结束标志;"return a+b"是函数体,Python 语法规定函数体与函数声明部分相比是缩进的,没有缩进程序会报错。如果函数体结束,则缩进结束即可(缩进结束代表函数体结束)。示例中的函数体只有一行。

```
1  def sum(a,b):
2      return a+b
3
4  c= sum(2,3)
5  print(c)
```

```
sum()
test1011
/Library/Frameworks/Python.framework/Versions/3.7/bin/python3.7 /PycharmProjects/Sstone/test1011.py
5

Process finished with exit code 0
```

图 8.14

返回值。函数可以有返回值也可以没有返回值,如图 8.14 中的函数是有返回值的情况,如下函数代码是无返回值的情况:

```
def sum(a,b):
    print(a+b)
print(sum(2,3))
```

Python 的函数参数模式比较复杂。以下用实例来演示各种参数模式。

如下函数定义是属于位置参数类型的函数,位置参数也是我们熟悉的形参,其中"x"就是一个位置参数:

```
def testFunc1(x):
    return 2 * x
```

如下函数定义用到了默认参数,其中"b"是默认参数,默认值为"2"。在函数调用时如果该参数没有传入相应的值,就可以启动默认值。如调用 1: testFunc2(4),其结果是返回"6";调用 2: testFunc2(4,8),其结果是返回"12"。

注意事项:设置参数顺序时,必须是必选参数在前,默认参数在后,否则 Python 解释器会报错;默认参数必须指向不可变对象。相关代码如下:

```
def testFunc2(a,b = 2):
    return a + b
```

可变参数,顾名思义在函数定义过程中,参数的个数是不固定的,可以是 1 个、2 个,还可以是 0 个,等等。比如,在将一个 list 对象作为参数而 list 对象的数据又不确定的情况下,可以使用可变参数的模式简化函数的定义。如下源码的功能是计算列表中元素的平方和,而列表元素作为参数是不确定的、可变的。

```
def testFunc3(*num_list):
    sum = 0
    for i in num_list:
        sum = sum + i * i
    return sum
```

函数调用 1：testFunc3([1,2,3])，用来计算列表[1,2,3]的所有元素的平方和，结果是"14"。

函数调用 2：testFunc3([2,3,4,5])，用来计算列表[2,3,4,5]的所有元素的平方和，结果是"54"。

关键字参数形式有点类似可变参数，其实两者是有差别的。可变参数允许传入 0 或者任意多个参数，而这些参数在函数调用时自动组装成一个元组。关键字参数允许传入 0 个或任意个含参数名的参数，而这些关键字参数在函数内部自动组装成一个字典类型。演示实例源码如下，通过几种函数调用来直观地了解关键字参数的特性。

```
def testFunc4(id,name,**kw):
    print('id:',id,'name:',name,'other:',kw)
```

关键字参数调用 1，testFunc4('29')，控制台报错，提示缺少一个位置参数'name'。结果如图 8.15 所示。

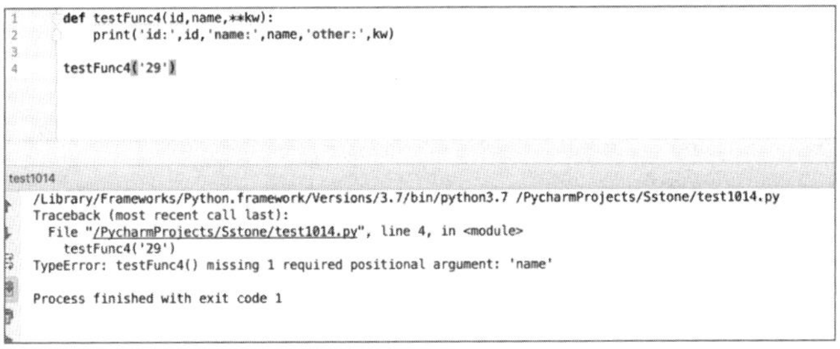

图 8.15

关键字参数调用 2，执行结果如图 8.16 所示，此时执行没有错误产生且'other'字典类型值为空。

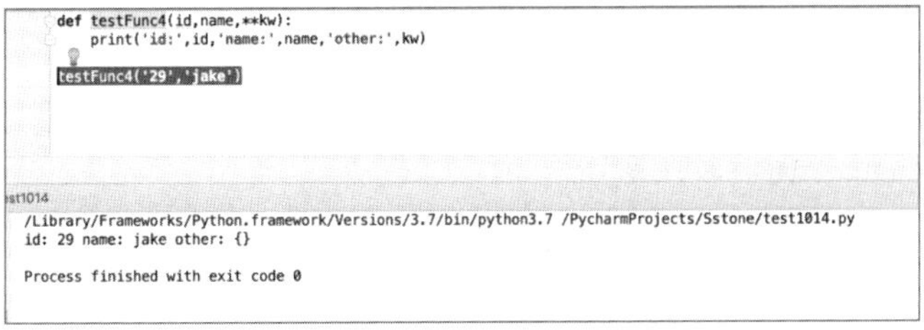

图 8.16

关键字参数调用 3，执行结果如图 8.17 所示，other 字典类型有一个键值对 {'city': 'Shanghai'}。

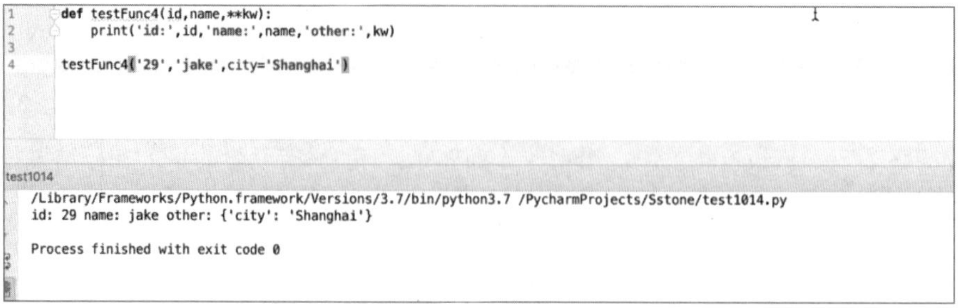

```
def testFunc4(id,name,**kw):
    print('id:',id,'name:',name,'other:',kw)

testFunc4('29','jake',city='Shanghai')
```

```
/Library/Frameworks/Python.framework/Versions/3.7/bin/python3.7 /PycharmProjects/Sstone/test1014.py
id: 29 name: jake other: {'city': 'Shanghai'}

Process finished with exit code 0
```

图 8.17

关键字参数调用 4，执行结果如图 8.18 时 other 字典类型有两个键值对 {'city': 'Shanghai', 'age': '24'}。至此关键字参数调用的模式和特性通过 4 个实例演示已经比较直观地展现出来，比较灵活。在使用的时候，要注意区别不同参数模式的异同。

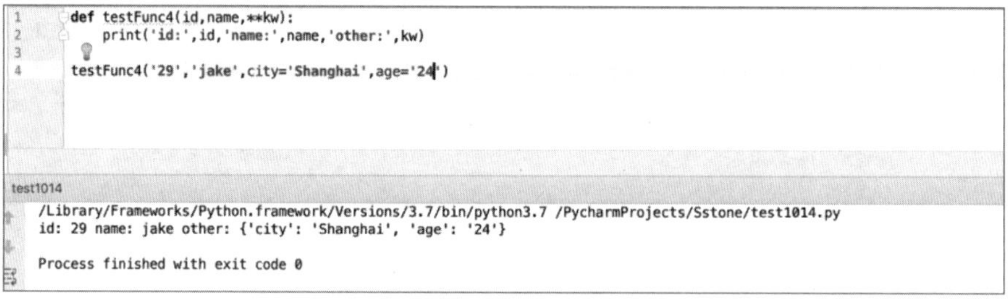

```
def testFunc4(id,name,**kw):
    print('id:',id,'name:',name,'other:',kw)

testFunc4('29','jake',city='Shanghai',age='24')
```

```
/Library/Frameworks/Python.framework/Versions/3.7/bin/python3.7 /PycharmProjects/Sstone/test1014.py
id: 29 name: jake other: {'city': 'Shanghai', 'age': '24'}

Process finished with exit code 0
```

图 8.18

关键字参数允许函数调用者传入任意不受限制的关键字参数，如果要限制关键字参数的名字，可以用命名关键字参数模式进行限制。示例演示源码如下，函数 testFunc5 关键字参数只接收"city"和"age"。

```
def testFunc5(id,name,*,city,age):
    print('id:',id,'name:',name,city,age)
```

命名关键字参数调用 1，执行结果如图 8.19 所示，关键字参数包含了"city"和"age"，而输出结果中只打印 value，没有打印 key。

命名关键字参数调用 2，执行结果如图 8.20 所示，关键字参数有 3 个，分别是"city""age"和"job"。与函数定义有冲突（只允许"city"和"age"）。

```
def testFunc5(id,name,*,city,age):
    print('id:',id,'name:',name,city,age)
testFunc5('29','jake',city='Shanghai',age='26')

testFunc5()
```
```
/Library/Frameworks/Python.framework/Versions/3.7/bin/python3.7 /PycharmProjects/Sstone/test1015.py
id: 29 name: jake Shanghai 26

Process finished with exit code 0
```

图 8.19

```
def testFunc5(id,name,*,city,age):
    print('id:',id,'name:',name,city,age)
testFunc5('29','jake',city='Shanghai',age='26',job='manager')
```
```
/Library/Frameworks/Python.framework/Versions/3.7/bin/python3.7 /PycharmProjects/Sstone/test1015.py
Traceback (most recent call last):
  File "/PycharmProjects/Sstone/test1015.py", line 4, in <module>
    testFunc5('29','jake',city='Shanghai',age='26',job='manager')
TypeError: testFunc5() got an unexpected keyword argument 'job'

Process finished with exit code 1
```

图 8.20

命名关键字参数调用 3，关键字参数有 1 个，是"city"。与函数定义还是有冲突，控制台提示少了"age"关键字参数，执行结果如图 8.21 所示。

```
def testFunc5(id,name,*,city,age):
    print('id:',id,'name:',name,city,age)
testFunc5('29','jake',city='Shanghai')
```
```
/Library/Frameworks/Python.framework/Versions/3.7/bin/python3.7 /PycharmProjects/Sstone/test1015.py
Traceback (most recent call last):
  File "/PycharmProjects/Sstone/test1015.py", line 4, in <module>
    testFunc5('29','jake',city='Shanghai')
TypeError: testFunc5() missing 1 required keyword-only argument: 'age'

Process finished with exit code 1
```

图 8.21

初始脚本如下：

```
#coding=utf-8
'''
实现火车票查询的页面元素的功能。
'''
from selenium import webdriver
import time
```

```
driver = webdriver.Chrome()
driver.get("https://trains.ctrip.com/TrainBooking/SearchTrain.aspx")
#以下变量为定义搜索火车票的出发站和到达站
from_station = "上海"
to_station = "杭州"
#以下为定位出发城市和到达城市的页面元素
driver.find_element_by_id("notice01").send_keys(from_station)
driver.find_element_by_id("notice08").send_keys(to_station)
driver.find_element_by_id("dateObj").send_keys("2019-04-12")
#以下为定位"车次搜索"按钮
driver.find_element_by_id("searchbtn").click()
```

执行以上脚本,结果如图 8.22 所示,发现脚本是有问题的,问题出在出发时间的选择上,无法正确选择"2019-04-12",无法对日期直接赋值。

图 8.22

以上问题的解决思路是,用 Javascript 来更改元素的属性,以达到测试的目的。在 WebDriver 中提供了可以执行 JavaScript 代码的接口或者功能。JavaScript 可以完成一些 WebDriver 本身所不能完成的功能,在 WebDriver 中可以用函数"execute_script"来执行 JavaScript 代码,相关 Python 代码如下:

```
driver.execute_script("document.getElementById('dateObj').removeAttribute('readonly')")
```

更新后的火车票查询脚本如下：

```
'''
此页面的功能是测试火车票查询的页面元素。
'''
from selenium import webdriver
import time
driver = webdriver.Chrome()
driver.get("https://trains.ctrip.com/TrainBooking/SearchTrain.aspx")
#以下变量用于定义搜索火车票的出发站和到达站
from_station = "上海"
to_station = "杭州"
#以下为定位出发城市和到达城市的页面元素，设置其值为以上定义值
driver.find_element_by_id("notice01").send_keys(from_station)
driver.find_element_by_id("notice08").send_keys(to_station)
#移除出发时间的'readonly'属性
driver.execute_script("document.getElementById('dateObj').removeAttribute('readonly')")
#定义搜索车次日期
driver.find_element_by_id("dateObj").send_keys("2019-04-12")
#定位"车次搜索"按钮
driver.find_element_by_id("searchbtn").click()
```

修改之后的代码执行结果如图 8.23 所示，页面输入有异常，原因是出发时间有默认值，需要继续优化代码。

图 8.23

关于出发时间的优化有两处：一是在输入出发时间前，先清空其内容，再输入；二是修改调整代码不用硬编码，如实现出发时间为第二天的日期。若要判断日期和处理日期等信息需要导入 datetime 功能模块，模块导入语句为"from datetime import datetime,date,timedelta"。优化后的代码如下：

```
#coding=utf-8
'''
此页面的功能是测试火车票查询的页面元素。
'''
from datetime import datetime,date,timedelta
from selenium import webdriver
import time
#以下为定义函数部分，其目的是返回今天后的第 n 天的日期，格式为"2019-04-06"
def date_n(n):
    return str((date.today() + timedelta(days = +int(n))).strftime("%Y-%m-%d"))
#以下变量用于定义搜索火车票的出发站和到达站
from_station = "上海"
to_station = "杭州"
#以下为 tomorrow 变量
tomorrow = date_n(1)
print(tomorrow)
driver = webdriver.Chrome()
driver.get("https://trains.ctrip.com/TrainBooking/SearchTrain.aspx")
#以下为定位出发城市和到达城市的页面元素，设置其值为以上定义值
driver.find_element_by_id("notice01").send_keys(from_station)
driver.find_element_by_id("notice08").send_keys(to_station)
#移除出发时间的'readonly'属性
driver.execute_script("document.getElementById('dateObj').removeAttribute('readonly')")
time.sleep(2)
#清除出发时间的默认内容
driver.find_element_by_id("dateObj").clear()
time.sleep(2)
#以下为定义搜索车次日期
driver.find_element_by_id("dateObj").send_keys(tomorrow)
#以下为定义"车次搜索"按钮
driver.find_element_by_id("searchbtn").click()
```

以上代码执行完毕后，控制台报错，因弹出窗口没有消除，如图 8.24 所示。

图 8.24

由于弹出窗的问题导致"搜索"按钮定位失败,代码的执行结果如下所示:

```
D:\software\python37\python.exe D:/software/autotest1/test01.py
2019-05-26
Traceback (most recent call last):
  File "D:/software/autotest1/test01.py", line 31, in <module>
    driver.find_element_by_id("searchbtn").click()
  File "D:\software\python37\lib\site-packages\selenium\webdriver\remote\webelement.py", line 80, in click
    self._execute(Command.CLICK_ELEMENT)
  File "D:\software\python37\lib\site-packages\selenium\webdriver\remote\webelement.py", line 633, in _execute
    return self._parent.execute(command, params)
  File "D:\software\python37\lib\site-packages\selenium\webdriver\remote\webdriver.py", line 321, in execute
    self.error_handler.check_response(response)
  File "D:\software\python37\lib\site-packages\selenium\webdriver\remote\errorhandler.py", line 242, in check_response
    raise exception_class(message, screen, stacktrace)
selenium.common.exceptions.WebDriverException: Message: unknown error:
```

```
Element <input type="button" value="开始搜索" class="searchbtn" id="searchbtn">
is not clickable at point (160, 504). Other element would receive the click: <a
href="javascript:void(0);" class="day_over" id="2019-05-0...">3</a>
  (Session info: chrome=73.0.3683.103)
  (Driver info: chromedriver=70.0.3538.97 (d035916fe243477005bc95fe2a5778b
8f20b6ae1),platform=Windows NT 10.0.17134 x86_64)


Process finished with exit code 1
```

要解决此问题，只需用 ActionChains 功能，用鼠标左键单击页面的空白处。针对以上问题，优化后的代码如下：

```
'''
此页面的功能是测试火车票查询的页面元素。
'''
from datetime import datetime,date,timedelta
from selenium import webdriver
from selenium.webdriver.common.action_chains import ActionChains
import time
#以下为定义函数部分，其目的是返回今天后的第 n 天的日期，格式为 "2019-04-06"
def date_n(n):
    return str((date.today() + timedelta(days = +int(n))).strftime("%Y-%m-%d"))
#以下变量用于定义搜索火车票的出发站和到达站
from_station = "上海"
to_station = "杭州"
#以下为 tomorrow 变量
tomorrow = date_n(1)
print(tomorrow)
driver = webdriver.Chrome()
driver.get("https://trains.ctrip.com/TrainBooking/SearchTrain.aspx")
#以下为定位出发城市和到达城市的页面元素，设置其值为以上定义值
driver.find_element_by_id("notice01").send_keys(from_station)
driver.find_element_by_id("notice08").send_keys(to_station)
#移除出发时间的'readonly'属性
driver.execute_script("document.getElementById('dateObj').removeAttribute('readonly')")
time.sleep(2)
#清除出发时间的默认内容
driver.find_element_by_id("dateObj").clear()
```

```
time.sleep(2)
#定义搜索车次日期
driver.find_element_by_id("dateObj").send_keys(tomorrow)
#以下步骤是为了解决日期控件弹出窗在输入日期后无法消失的问题,以防影响测试的进行,
#原理是为了让鼠标左键单击页面空白处
ActionChains(driver).move_by_offset(0,0).click().perform()
#单击"车次搜索"按钮
driver.find_element_by_id("searchbtn").click()
```

以上代码执行后,结果如图 8.25 所示。证明火车票查询页面的脚本已经成功地执行完毕。

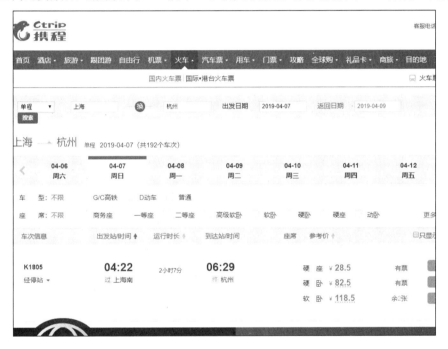

图 8.25

根据上一节的关于车次列表的元素定位的情况,增加车次预订功能,代码如下:

```
'''
此页面的功能是测试火车票查询的页面元素。
'''
from datetime import datetime,date,timedelta
from selenium import webdriver
from selenium.webdriver.common.action_chains import ActionChains
import time
```

```python
#以下为定义函数部分,其目的是返回今天后的第n天的日期,格式为"2019-04-06"
def date_n(n):
    return str((date.today() + timedelta(days = +int(n)))).strftime("%Y-%m-%d")
#以下变量用于定义搜索火车票的出发站和到达站
from_station = "上海"
to_station = "杭州"
#以下为tomorrow变量
tomorrow = date_n(1)
print(tomorrow)
driver = webdriver.Chrome()
driver.get("https://trains.ctrip.com/TrainBooking/SearchTrain.aspx")

#以下为定位出发城市和到达城市的页面元素,设置其值为以上定义值
driver.find_element_by_id("notice01").send_keys(from_station)
driver.find_element_by_id("notice08").send_keys(to_station)
#移除出发时间的'readonly'属性
driver.execute_script("document.getElementById('dateObj').removeAttribute('readonly')")
time.sleep(2)
#清除出发时间的默认内容
driver.find_element_by_id("dateObj").clear()
time.sleep(2)
#以下为定义搜索车次日期
driver.find_element_by_id("dateObj").send_keys(tomorrow)
#以下步骤是为了解决日期控件弹出窗在输入日期后无法消失的问题,从而影响测试的进行,
#原理是为了让鼠标左键单击页面空白处
ActionChains(driver).move_by_offset(0,0).click().perform()
#单击"车次搜索"按钮
driver.find_element_by_id("searchbtn").click()
#在页面跳转时最好加一些时间等待的步骤,以免元素定位出现异常
time.sleep(2)
#通过在K1805车次的硬座区域单击"预订"按钮来预订车票
driver.find_element_by_css_selector("#tbody-01-K18050 > div.railway_list > div.w6 > div:nth-child(1) > a").click()
```

执行脚本后,弹出了"携程账号登录"页面,如图8.26所示。由此可见脚本执行是成功的,并且业务逻辑是正确的。

图 8.26

进一步完善测试脚本加上处理"携程账号登录"页面的功能。单击"不登录,直接预订>"进入下一步(页面),代码如下:

```
'''
此页面的功能是测试火车票查询的页面元素。
'''
from datetime import datetime,date,timedelta
from selenium import webdriver
from selenium.webdriver.common.action_chains import ActionChains
import time
#以下为定义函数部分,其目的是返回今天后的第 n 天的日期,格式为"2019-04-06"
def date_n(n):
    return str((date.today() + timedelta(days = +int(n))).strftime("%Y-%m-%d"))
#以下变量用于定义搜索火车票的出发站和到达站
from_station = "上海"
to_station = "杭州"
#以下为 tomorrow 变量
tomorrow = date_n(1)
driver = webdriver.Chrome()
driver.get("https://trains.ctrip.com/TrainBooking/SearchTrain.aspx")
#以下为定位出发城市和到达城市的页面元素,设置其值为以上定义值
driver.find_element_by_id("notice01").send_keys(from_station)
driver.find_element_by_id("notice08").send_keys(to_station)
#移除出发时间的'readonly'属性
driver.execute_script("document.getElementById('dateObj').removeAttribut
```

```
e('readonly')")
    time.sleep(2)
    #清除出发时间的默认内容
    driver.find_element_by_id("dateObj").clear()
    time.sleep(2)
    #定义搜索车次日期
    driver.find_element_by_id("dateObj").send_keys(tomorrow)
    #以下步骤是为了解决日期控件弹出窗在输入日期后无法消失的问题,以防影响测试的进行,
    #原理是为了让鼠标左键单击页面空白处
    ActionChains(driver).move_by_offset(0,0).click().perform()
    #单击"车次搜索"按钮
    driver.find_element_by_id("searchbtn").click()
    #在页面跳转时最好加一些时间等待的步骤,以免元素定位出现异常
    time.sleep(2)
    #通过在 K1805 车次的硬座区域单击"预订"按钮来预订车票
    driver.find_element_by_css_selector("#tbody-01-K18050 > div.railway_list
> div.w6 > div:nth-child(1) > a").click()
    #不登录携程系统订票
    driver.find_element_by_id("btn_nologin").click()
```

以上代码的执行结果如图 8.27 所示,之后跳转到"订单信息"页面。

图 8.27

最后，在订单信息页面上实现输入乘客姓名的功能，代码如下：

```python
'''
此页面的功能是测试火车票查询的页面元素。
'''
from datetime import datetime,date,timedelta
from selenium import webdriver
from selenium.webdriver.common.action_chains import ActionChains
import time
#以下为定义函数部分，其目的是返回今天后的第n天的日期，格式为"2019-04-06"
def date_n(n):
    return str((date.today() + timedelta(days = +int(n))).strftime("%Y-%m-%d"))
#以下变量用于定义搜索火车票的出发站和到达站
from_station = "上海"
to_station = "杭州"
#以下为tomorrow变量
tomorrow = date_n(1)
driver = webdriver.Chrome()
driver.get("https://trains.ctrip.com/TrainBooking/SearchTrain.aspx")
#以下为定位出发城市和到达城市的页面元素，设置其值为以上定义值
driver.find_element_by_id("notice01").send_keys(from_station)
driver.find_element_by_id("notice08").send_keys(to_station)

#移除出发时间的'readonly'属性
driver.execute_script("document.getElementById('dateObj').removeAttribute('readonly')")
time.sleep(2)
#清除出发时间的默认内容
driver.find_element_by_id("dateObj").clear()
time.sleep(2)
#定义搜索车次日期
driver.find_element_by_id("dateObj").send_keys(tomorrow)
#以下步骤是为了解决日期控件弹出窗在输入日期后无法消失的问题，以防影响测试的进行，
#原理是为了让鼠标左键单击页面空白处
ActionChains(driver).move_by_offset(0,0).click().perform()
#以下为单击"车次搜索"按钮
driver.find_element_by_id("searchbtn").click()
#在页面跳转时最好加一些时间等待的步骤，以免元素定位出现异常
time.sleep(2)
#通过在K1805车次的硬座区域单击"预订"按钮来预订车票
driver.find_element_by_css_selector("#tbody-01-K18050 > div.railway_list > div.w6 > div:nth-child(1) > a").click()
```

```
#不通过登录携程系统订票
driver.find_element_by_id("btn_nologin").click()
time.sleep(3)
#在订单信息页面输入乘客姓名信息
driver.find_element_by_css_selector("#pasglistdiv > div > ul > li:nth-child(2) > input").send_keys("小刘")
```

以上脚本执行之后，结果如图 8.28 所示，乘客的信息已经输入成功，说明以上的脚本代码是完整而正确的。至此，项目实战的初始脚本代码已经完成。

图 8.28

8.3 项目代码总结

前面详细分析了车次查询、车次列表、订单详情页面的所有元素，用线性代码实现了整个业务流程，完整代码如下：

```
'''
此页面的功能是测试火车票查询的页面元素。
'''
from datetime import datetime,date,timedelta
from selenium import webdriver
from selenium.webdriver.common.action_chains import ActionChains
```

```python
import time
#以下为定义函数部分,其目的是返回今天后的第 n 天的日期,格式为"2019-04-06"
def date_n(n):
    return str((date.today() + timedelta(days = +int(n))).strftime("%Y-%m-%d"))

#以下变量用于定义搜索火车票的出发站和到达站
from_station = "上海"
to_station = "杭州"
#以下为 tomorrow 变量
tomorrow = date_n(1)
driver = webdriver.Chrome()
driver.get("https://trains.ctrip.com/TrainBooking/SearchTrain.aspx")
#以下为定位出发城市和到达城市的页面元素,设置其值为以上定义值
driver.find_element_by_id("notice01").send_keys(from_station)
driver.find_element_by_id("notice08").send_keys(to_station)
#移除出发时间的'readonly'属性
driver.execute_script("document.getElementById('dateObj').removeAttribute('readonly')")
time.sleep(2)
#清除出发时间的默认内容
driver.find_element_by_id("dateObj").clear()
time.sleep(2)
#定义搜索车次日期
driver.find_element_by_id("dateObj").send_keys(tomorrow)
#以下步骤是为了解决日期控件弹出窗在输入日期后无法消失的问题,以防影响测试的进行,
#原理是为了让鼠标左键单击页面空白处
ActionChains(driver).move_by_offset(0,0).click().perform()
#单击"车次搜索"按钮
driver.find_element_by_id("searchbtn").click()
#在页面跳转时最好加一些时间等待的步骤,以免元素定位出现异常
time.sleep(2)
#通过在 K1805 车次的硬座区域单击"预订"按钮来预订车票
driver.find_element_by_css_selector("#tbody-01-K18050 > div.railway_list > div.w6 > div:nth-child(1) > a").click()
#不登录携程系统订票
driver.find_element_by_id("btn_nologin").click()
time.sleep(3)
#在订单信息页面输入乘客姓名信息
driver.find_element_by_css_selector("#pasglistdiv > div > ul > li:nth-child(2) > input").send_keys("小刘")
```

第 9 章
代码优化与项目重构

9.1 项目重构

本章将继续以携程网订购火车票为例，在原先的代码上做进一步优化和重构，有利于加深对项目重构的认识。项目重构通常利用抽象的方法重新组织代码，进而有效地提高代码的重用性和可维护性。

9.1.1 重构——元素定位方法优化

元素的定位方法可能会被多处代码调用，此案例中就涉及多个页面，如火车查询页面、车次列表页面等。每张页面在进行元素定位时又需要用到元素定位方法，所以对元素定位方法进行重构再封装是有必要的，也是有价值的。承接第 8 章之后产生的代码如下：

```
#coding=utf-8
'''
此页面的功能是测试火车票查询的页面元素。
'''
from datetime import datetime,date,timedelta
from selenium import webdriver
from selenium.webdriver.common.action_chains import ActionChains
import time
#以下为定义函数部分，其目的是返回今天后的第 n 天的日期，格式为"2019-04-06"
def date_n(n):
    return str((date.today() + timedelta(days = +int(n))).strftime("%Y-%m-%d"))

#以下变量用于定义搜索火车票的出发站和到达站
from_station = "上海"
to_station = "杭州"

#以下为 tomorrow 变量
tomorrow = date_n(1)
#以下为 driver 设置
driver = webdriver.Chrome()
driver.get("https://trains.ctrip.com/TrainBooking/SearchTrain.aspx")
#以下为定位出城市和到达城市的页面元素，设置其值为以上定义值
driver.find_element_by_id("notice01").send_keys(from_station)
driver.find_element_by_id("notice08").send_keys(to_station)
#移除出发时间的'readonly'属性
driver.execute_script("document.getElementById('dateObj').removeAttribute('readonly')")
time.sleep(2)
#清除出发时间的默认内容
driver.find_element_by_id("dateObj").clear()
time.sleep(2)
#以下为定义搜索车次日期
driver.find_element_by_id("dateObj").send_keys(tomorrow)
#以下步骤是为了解决日期控件弹出窗在输入日期后无法消失的问题，以防影响测试的进行，
#原理是为了让鼠标左键单击页面空白处
ActionChains(driver).move_by_offset(0,0).click().perform()
#单击"车次搜索"按钮
driver.find_element_by_id("searchbtn").click()
```

```
#在页面跳转时最好加一些时间等待的步骤，以免元素定位出现异常
time.sleep(2)
#通过在K1805车次的硬座区域单击"预订"按钮来预订车票
driver.find_element_by_css_selector("#tbody-01-K18053 > div.railway_list > div.w6 > div:nth-child(1) > a").click()
#不登录携程系统订票
time.sleep(5)
driver.find_element_by_id("btn_nologin").click()
time.sleep(3)
#在订单信息页面输入乘客姓名信息
driver.find_element_by_css_selector("#pasglistdiv > div > ul > li:nth-child(2) > input").send_keys("小刘")
```

接下来，将重点介绍一下如何通过重构页面元素的方式对以上脚本进行再次优化。优化的目的主要有两点，一是可以减少代码量并且有效提高代码复用率；二是可以提高代码的可读性。代码重构可以通过定义函数来实现。按照之前的论述，函数的一个很重要的作用就是提高代码的重用性。

第一个函数根据元素 id 属性值来返回元素定位语句。其中 "id" 为函数名，"element" 为函数参数。在函数体中返回函数定义语句，其中 id 属性值为函数传入的参数 "element"。

```
def id(element):
    return driver.find_element_by_id(element)
```

第二个函数根据元素 CSS 属性值来返回元素定位语句。

```
def css(element):
    return driver.find_element_by_css_selector(element)
```

第三个函数封装 JavaScript 脚本代码。请读者注意如下函数的写法，在函数体中需要将 id 属性值 "element" 用单引号标注，因为外围是双引号。

```
def js(element):
    driver.execute_script("document.getElementById(" + "'" + element + "'" + ").removeAttribute('readonly')")
```

代码重构之后，测试脚本代码如下。其中有一点需要注意的是，如果将定义函数的代码和测试代码放在同一个 Python 文件中，需要将函数定义的部分放到测试代码的前面，代码如下：

```
'''
此页面的功能是测试火车票查询的页面元素。
'''
from datetime import datetime,date,timedelta
```

```python
from selenium import webdriver
from selenium.webdriver.common.action_chains import ActionChains
import time
#以下为定义函数部分,其目的是返回今天后的第 n 天的日期,格式为"2019-04-06"
def date_n(n):
    return str((date.today() + timedelta(days = +int(n))).strftime("%Y-%m-%d"))
def id(element):
    return driver.find_element_by_id(element)
def css(element):
    return driver.find_element_by_css_selector(element)
def js(element):
    driver.execute_script("document.getElementById(" + "'" + element + "'" + ").removeAttribute('readonly')")
#以下变量用于定义搜索火车票的出发站和到达站
from_station = "上海"
to_station = "杭州"
#以下为 tomorrow 变量
tomorrow = date_n(1)
#以下为 driver 设置
driver = webdriver.Chrome()
driver.get("https://trains.ctrip.com/TrainBooking/SearchTrain.aspx")
#以下为定位出发城市和到达城市的页面元素,设置其值为以上定义值
id("notice01").send_keys(from_station)
id("notice08").send_keys(to_station)
#移除出发时间的'readonly'属性
js("dateObj")
time.sleep(2)
#清除出发时间的默认内容
id("dateObj").clear()
time.sleep(2)
#以下为定义搜索车次日期
id("dateObj").send_keys(tomorrow)
#以下步骤是为了解决日期控件弹出窗在输入日期后无法消失的问题,以防影响测试的进行,
#原理是为了让鼠标左键单击页面空白处
ActionChains(driver).move_by_offset(0,0).click().perform()
#单击"车次搜索"按钮
id("searchbtn").click()
#在页面跳转时最好加一些时间等待的步骤,以免元素定位出现异常
time.sleep(2)
#通过在 K1805 车次的硬座区域单击"预订"按钮来预订车票
```

```
css("#tbody-01-K18050 > div.railway_list > div.w6 > div:nth-child(1) > a").click()
#不登录携程系统订票
time.sleep(5)
#增加浏览器窗口最大化的操作是为了解决脚本偶尔不稳定的问题
driver.maximize_window()
id("btn_nologin").click()
time.sleep(3)
#在订单信息页面输入乘客姓名信息
css("#pasglistdiv > div > ul > li:nth-child(2) > input").send_keys("小刘")
```

9.1.2 车次信息选择优化

上一节中对脚本做了进一步优化，通常是可以运行成功的，但是偶尔会有例外的情况。经过分析，造成脚本运行不稳定的代码行如下所示。在车次列表中，"K1805"位于车次列表的第一位，如果车次顺序有变，脚本运行就会失败。因此，这种类型的代码会降低脚本的健壮性。

```
#通过在K1805车次的硬座区域单击"预订"按钮来预订车票
css("#tbody-01-K18050 > div.railway_list > div.w6 > div:nth-child(1) > a").click()
```

代码的不健壮性偶尔会导致如下所示的错误：

```
D:\software\python37\python.exe D:/software/autotest1/test02.py
Traceback (most recent call last):
  File "D:/software/autotest1/test02.py", line 45, in <module>
    css("#tbody-01-K18051 > div.railway_list > div.w6 > div:nth-child(1) > a").click()
  File "D:/software/autotest1/test02.py", line 15, in css
    return driver.find_element_by_css_selector(element)
  File "D:\software\python37\lib\site-packages\selenium\webdriver\remote\webdriver.py", line 598, in find_element_by_css_selector
    return self.find_element(by=By.CSS_SELECTOR, value=css_selector)
  File "D:\software\python37\lib\site-packages\selenium\webdriver\remote\webdriver.py", line 978, in find_element
    'value': value})['value']
  File "D:\software\python37\lib\site-packages\selenium\webdriver\remote\webdriver.py", line 321, in execute
```

```
        self.error_handler.check_response(response)
      File
"D:\software\python37\lib\site-packages\selenium\webdriver\remote\errorhandl
er.py", line 242, in check_response
        raise exception_class(message, screen, stacktrace)
    selenium.common.exceptions.NoSuchElementException: Message: no such
element: Unable to locate element: {"method":"css selector","selector":
"#tbody-01-K18050 > div.railway_list > div.w6 > div:nth-child(1) > a"}
      (Session info: chrome=73.0.3683.103)
      (Driver info: chromedriver=70.0.3538.97 (d035916fe243477005bc95fe2a5778
b8f20b6ae1),platform=Windows NT 10.0.17134 x86_64)

Process finished with exit code 1
```

可以看出，导致出错的代码是按照 CSS 定位方式来定位元素的，这里需要改变一下思路。前面已经介绍了很多种元素定位的方式，此时就需要活学活用了。该问题的解决方案有多种，这里我们选用其中一种较为便捷的方法，就是使用 XPath 结合模糊查询的方式来定位该元素。关于模糊查询，前面已经讲解过，这里就不再赘述了。上面的定位语句可以改写成：

```
    xpath("//div[starts-with(@id,'tbody-01-K1805')]/div[1]/div[6]/div[1]/a")
.click()
```

以上代码用到了自定义的 xpath 函数，其定义语句如下：

```
    def xpath(element):
        return driver.find_element_by_xpath(element)
```

优化之后的代码如下：

```
    '''
    此页面的功能是测试火车票查询的页面元素。
    '''
    from datetime import datetime,date,timedelta
    from selenium import webdriver
    from selenium.webdriver.common.action_chains import ActionChains
    import time
    #以下为定义函数部分，其目的是返回今天后的第 n 天的日期，格式为"2019-04-06"
    def date_n(n):
        return str((date.today() + timedelta(days = +int(n))).strftime("%Y-
%m-%d"))

    def id(element):
        return driver.find_element_by_id(element)
```

```
def css(element):
    return driver.find_element_by_css_selector(element)
def js(element):
    driver.execute_script("document.getElementById(" + "'" + element + "'" + ").removeAttribute('readonly')")
def xpath(element):
    return driver.find_element_by_xpath(element)

#以下变量用于定义搜索火车票的出发站和到达站
from_station = "上海"
to_station = "杭州"

#以下为tomorrow变量
tomorrow = date_n(1)
#以下为driver设置
driver = webdriver.Chrome()
driver.get("https://trains.ctrip.com/TrainBooking/SearchTrain.aspx")

#以下为定位出发城市和到达城市的页面元素,设置其值为以上定义值
id("notice01").send_keys(from_station)
id("notice08").send_keys(to_station)

#移除出发时间的'readonly'属性
js("dateObj")

time.sleep(2)
#清除出发时间的默认内容
id("dateObj").clear()
time.sleep(2)
#以下为定义搜索车次日期
id("dateObj").send_keys(tomorrow)

#以下步骤是为了解决日期控件弹出窗在输入日期后无法消失的问题,以防影响测试的进行,
#原理是为了让鼠标左键单击页面空白处
ActionChains(driver).move_by_offset(0,0).click().perform()

#单击"车次搜索"按钮
id("searchbtn").click()

#在页面跳转时最好加一些时间等待的步骤,以免元素定位出现异常
```

```
time.sleep(2)

#通过在K1805车次的硬座区域单击"预订"按钮来预订车票
xpath("//div[starts-with(@id,'tbody-01-K1805')]/div[1]/div[6]/div[1]/a")
.click()
time.sleep(5)
#浏览器窗口最大化
driver.maximize_window()
id("btn_nologin").click()
time.sleep(3)
#订单信息页面输入乘客姓名信息
css("#pasglistdiv > div > ul > li:nth-child(2) > input").send_keys("小刘")
```

9.1.3 重构——代码分层优化

在这一节中,将继续优化以上代码。通过观察发现,上面的代码将函数和其他测试代码放在同一个文件中。随着自动化测试的深入,测试的内容和范围会逐步增加,这样的编码方式,不利于提高代码的可扩展性和可维护性。

为了更好地理解代码分层的理念,笔者将根据同样的项目逐步进行深入挖掘和优化。如图 9.1 所示为初步代码分层后的代码结构图。其中"booking_tickets.py"为测试代码文件;文件"functions.py"主要存放常用的基础方法等。

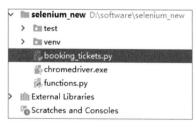

图 9.1

其中,测试代码文件的代码如下:

```
'''
此页面的功能是测试火车票查询的页面元素。
'''
from selenium import webdriver
from selenium.webdriver.common.action_chains import ActionChains
from functions import date_n,id,css,xpath,js,return_driver,open_base_site
```

```python
import time

#以下变量用于定义搜索火车票的出发站和到达站
driver =return_driver()
open_base_site("https://trains.ctrip.com/TrainBooking/SearchTrain.aspx")
from_station = "上海"
to_station = "杭州"

#以下为tomorrow变量
tomorrow = date_n(1)

#以下为定位出发城市和到达城市的页面元素，设置其值为以上定义值
id("notice01").send_keys(from_station)
id("notice08").send_keys(to_station)

#移除出发时间的'readonly'属性
js("dateObj")
time.sleep(2)
#清除出发时间的默认内容
id("dateObj").clear()
time.sleep(2)
#以下为定义搜索车次日期
id("dateObj").send_keys(tomorrow)

#以下步骤是为了解决日期控件弹出窗在输入日期后无法消失的问题，以防影响测试的进行，
#原理是为了让鼠标左键单击页面空白处

ActionChains(driver).move_by_offset(0,0).click().perform()

#单击"车次搜索"按钮
id("searchbtn").click()

#在页面跳转时最好加一些时间等待的步骤，以免元素定位出现异常
time.sleep(2)

#通过在K1805车次的硬座区域单击"预订"按钮来预订车票
#此处为了代码的健壮，需要用到xpath＋模拟查询来增强测试代码
xpath("//div[starts-with(@id,'tbody-01-K1805')]/div[1]/div[6]/div[1]/a").click()

#不登录携程系统订票
```

```
time.sleep(5)

#增加浏览器窗口最大化的操作是为了解决脚本偶尔不稳定的问题
driver.maximize_window()
id("btn_nologin").click()
time.sleep(3)

#在订单信息页面输入乘客姓名信息
css("#pasglistdiv > div > ul > li:nth-child(2) > input").send_keys("小刘")
```

基础常用方法代码如下：

```
from datetime import datetime,date,timedelta
from selenium import webdriver

#以下为driver设置和打开携程火车票网站
driver =webdriver.Chrome()
'''
函数return_driver()的功能是返回driver对象
'''
def return_driver():
    return driver
'''
函数open_base_site(url)的功能是打开携程火车票首页面
'''
def open_base_site(url):
#driver.get("https://trains.ctrip.com/TrainBooking/SearchTrain.aspx")
    driver.get(url)
'''
函数date_n(n)将返回n天后的日期
'''
def date_n(n):
    return str((date.today() + timedelta(days = +int(n))).strftime("%Y-%m-%d"))
'''
函数id将返回按照id属性来定位元素的语句
'''
def id(element):
    return driver.find_element_by_id(element)
'''
```

```
    函数 css 将返回按照 css selector 方式来定位元素的语句
    '''
    def css(element):
        return driver.find_element_by_css_selector(element)
    '''
    函数 xpath 将返回按照 xpath 方式来定位元素的语句
    '''
    def xpath(element):
        return driver.find_element_by_xpath(element)

    '''
    函数 js 通过 Selenium 来执行 JavaScript 语句
    '''
    def js(element):
        driver.execute_script("document.getElementById(" + "'" + element + "'"
+ ").removeAttribute('readonly')")
```

9.1.4 重构——三层架构

本节将继续对自动化代码进行重构,以上对代码的重构依旧有弱点,不够清晰明了。继续将分层优化的思维进行到底,这里需要对之前的代码结构做一些调整,便于自动化测试项目的管理和维护,也能减少项目的维护成本等。

如图 9.2 所示给出的是项目重构的三层架构示意图。

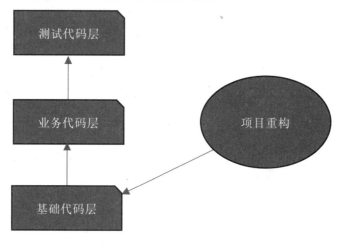

图 9.2

基于以上原则，将 Selenium、WebDriver 相关的配置加入 functions.py 基础代码文件中，便于底层调用。

functions.py 代码如下：

```
from datetime import datetime,date,timedelta
from selenium import webdriver

#以下为driver设置和打开携程火车票网站
driver =webdriver.Chrome()
'''
函数return_driver()将返回driver对象
'''
def return_driver():
    return driver
'''
函数open_base_site(url)的功能是打开携程火车票首页面
'''
def open_base_site(url):
#driver.get("https://trains.ctrip.com/TrainBooking/SearchTrain.aspx")
    driver.get(url)
'''
函数date_n(n) 将返回n天后的日期
'''
def date_n(n):
    return str((date.today() + timedelta(days = +int(n))).strftime("%Y-%m-%d"))
'''
函数id将返回按照id属性来定位元素的语句
'''
def id(element):
    return driver.find_element_by_id(element)


'''
函数css将返回按照css selector方式来定位元素的语句
'''
def css(element):
    return driver.find_element_by_css_selector(element)
'''
函数xpath将返回按照xpath方式来定位元素的语句
```

```
'''
def xpath(element):
    return driver.find_element_by_xpath(element)

'''
函数 js 通过 Selenium 来执行 JavaScript 语句
'''
def js(element):
    driver.execute_script("document.getElementById(" + "'" + element + "'"
+ ").removeAttribute('readonly')")
```

对于业务代码层,可以将之前的测试代码根据功能模块等进行拆分,比如在此项目中,可以将搜索车次的功能单独抽取成一个文件,如 search_tickets.py,它属于业务代码层。

search_tickets.py 文件代码如下:

```
'''
此页面的功能是测试火车票查询的页面元素。
'''
from selenium.webdriver.common.action_chains import ActionChains
from functions import date_n,id,css,xpath,js,return_driver,open_base_site
#from selenium import webdriver
import time

'''
函数名: search_tickets
参数:
 from_station: 出发站
 to_station: 到达站
 n: 是一个数字,如 1 表示选择明天的车票,2 表示选择后天的车票。
'''

def search_tickets(from_station,to_station,n):
    driver =return_driver()
open_base_site("https://trains.ctrip.com/TrainBooking/SearchTrain.aspx")
    #from_station = "上海"
    from_station = from_station
    #to_station = "杭州"
    to_station = to_station

    #以下为 tomorrow 变量
```

```
tomorrow = date_n(n)

#以下为定位出发城市和到达城市的页面元素,设置其值为以上定义值
id("notice01").send_keys(from_station)
id("notice08").send_keys(to_station)

#移除出发时间的"readonly"属性
js("dateObj")
time.sleep(2)
#清除出发时间的默认内容
id("dateObj").clear()
time.sleep(2)
#以下为定义搜索车次日期
id("dateObj").send_keys(tomorrow)

#以下步骤是为了解决日期控件弹出窗在输入日期后无法消失的问题,以防影响测试的进行,
#原理是为了让鼠标左键单击页面空白处

ActionChains(driver).move_by_offset(0,0).click().perform()

#单击"车次搜索"按钮
id("searchbtn").click()
```

而最终的测试代码文件 test_booking_tickets.py 如下:

```
import time
from functions import date_n,id,css,xpath,js,return_driver,open_base_site
from search_tickets import search_tickets

#搜索火车票列表
search_tickets("上海","杭州",1)
driver = return_driver()

#在页面跳转时最好加一些时间等待的步骤,以免元素定位出现异常
time.sleep(2)

#通过在K1805车次的硬座区域单击"预订"按钮来预订车票
#此处为了代码的健壮性,需要用到xpath+模拟查询来增强测试代码
xpath("//div[starts-with(@id,'tbody-01-K1805')]/div[1]/div[6]/div[1]/a")
.click()

#不登录携程系统订票
```

```
time.sleep(5)

#增加浏览器窗口最大化的操作是为了解决脚本偶尔不稳定的问题
driver.maximize_window()
id("btn_nologin").click()
time.sleep(3)

#在订单信息页面输入乘客姓名信息
css("#pasglistdiv > div > ul > li:nth-child(2) > input").send_keys("小刘")
```

根据以往的经验，代码重构和提取是一个持续的过程，代码需要持续迭代。一般来说，UI自动化项目是基于比较稳定的版本进行的。在提取代码时，需要用到函数来管理代码，尽可能地避免硬编码，适当地设置变量，以提高函数的灵活性，如上面例子中的 search_tickets 函数。

借助以上方法对代码实现重构之后，三层架构——基础代码层、业务代码层和测试代码层已经具备。测试代码越来越简洁，也越来越清晰，这也是代码重构和优化的最终目的。提高代码的可读性、重用性和易扩展性对自动化项目的实施是非常有帮助的。在自动化测试初期更需要好好规划代码结构和思路，有些自动化测试项目的失败，很大一部分原因就是由于前期的代码结构不合理，导致后期维护非常困难，重构的代价越来越大。

9.2 代码优化

笔者想分享关于代码优化的一些心得。首先需要想明白代码优化的目的是什么。如果一次代码优化不能解决一些项目的问题或者困惑，那么这次代码优化活动的意义就不大，可以考虑不做。

代码优化一般包含很多方面。首先，可以考虑框架代码的优化，比如更改底层调用，甚至代码；其次，可以考虑厘清项目结构、优化结构组成等，便于后期维护和推广；然后，可以考虑具体的使用，如可以考虑项目内部提出的一些代码标准、文档标准、运维管理标准等。这些都是从广义上理解的代码优化行为。

9.2.1 重构——项目异常处理

在自动化测试过程中，遇到异常是时有发生的，为了使测试代码更加健壮，需要在自动化项目中去处理这些异常。如何处理异常呢？首先需要搞清楚异常产生的原因，然后对这些异常进行处理。

接下来，将通过具体的例子来说明异常处理的重要性，以及处理这些异常的常用方法。

示例代码如下：

```
a = 10
b = 0
print(a/b)
```

当代码执行到第三行时，由于除数为 0，所以代码会报错，具体错误如图 9.3 所示。

```
Traceback (most recent call last):
  File "/Users/i320418/PycharmProjects/Prac1/test0307.py", line 3, in <module>
    print(a/b)
ZeroDivisionError: division by zero
```

图 9.3

如何处理和管理这些异常呢？可以利用 Python 的 try 语句来捕捉异常，代码改写如下。

```
try:
    a = 10
    b = 0
    print(a/b)
except:
    print("错误，除数为零")
print('done')
```

修改后，代码执行结果的可读性就比较好，而且代码执行完成后，会打印出便于识别的错误信息，比如代码中定义的"错误，除数为零"。

接下来，以之前的携程项目为例来说明异常处理的重要性，代码如下：

```
from selenium import webdriver
import time
driver = webdriver.Chrome()
driver.get('http://trains.ctrip.com/TrainBooking/SearchTrain.aspx')
driver.maximize_window()
driver.find_element_by_id('notice0').send_keys("上海")
driver.find_element_by_id("notice08").send_keys("杭州")
```

如果我们故意把"出发城市"元素的 id 属性值"notice01"改写成"notice0"，就会导致异常发生，即元素无法定位。具体结果如下：

```
D:\software\python37\python.exe D:/software/autotest1/test03.py
Traceback (most recent call last):
  File "D:/software/autotest1/test03.py", line 7, in <module>
```

```
        driver.find_element_by_id('notice0').send_keys("上海")
    File "D:\software\python37\lib\site-packages\selenium\webdriver\remote\
webdriver.py", line 360, in find_element_by_id
        return self.find_element(by=By.ID, value=id_)
    File
"D:\software\python37\lib\site-packages\selenium\webdriver\remote\webdriver.
py", line 978, in find_element
        'value': value})['value']
    File
"D:\software\python37\lib\site-packages\selenium\webdriver\remote\webdriver.
py", line 321, in execute
        self.error_handler.check_response(response)
    File
"D:\software\python37\lib\site-packages\selenium\webdriver\remote\errorhandl
er.py", line 242, in check_response
        raise exception_class(message, screen, stacktrace)
    selenium.common.exceptions.NoSuchElementException: Message: no such
element: Unable to locate element: {"method":"id","selector":"notice0"}
    (Session info: chrome=73.0.3683.103)
    (Driver info: chromedriver=70.0.3538.97 (d035916fe243477005bc95fe2a
5778b8f20b6ae1),platform=Windows NT 10.0.17134 x86_64)


Process finished with exit code 1
```

下面截取本章项目中的部分代码来对 Selenium 中的异常进行练习。可以将上面的项目代码改写如下，让测试程序捕捉到异常时打印出信息"element not found"。这样在测试框架中，信息输出内容看起来就会比较简洁。

```
from selenium import webdriver
import time
driver = webdriver.Chrome()
driver.get('http://trains.ctrip.com/TrainBooking/SearchTrain.aspx')
driver.maximize_window()
try:
    driver.find_element_by_id('notice0').send_keys("上海")
except:
    print('element not found')
driver.find_element_by_id("notice08").send_keys("杭州")
```

异常的处理和管理在组建自动化测试的过程中是非常重要的，通常在搭建自动化测试框架时就需要去考虑。测试人员要根据项目自身的特点和需要去重新定义异常，便于项目内部交流和自动化测试的执行。

Selenium 中常见的异常有 9 种（如表 9.1 所示），其中比较常用的是"NoSuchElementException"。

表 9.1

异常方法	异常描述
NoSuchElementException	当选择器返回元素失败时，抛出异常
ElementNotVisibleException	当要定位的元素在 DOM 中存在，而在页面上不显示、不能交互时，抛出异常
ElementNotSelectableException	当尝试选择不可选的元素时，抛出异常
NoSuchFrameException	当要切换到目标 Frame 而 Frame 不存在时，抛出异常
NoSuchWindowException	当要切换到目标窗口，而该窗口不存在时，抛出异常
Timeout Exception	当代码执行时间超出时，抛出异常
NoSuchAttributeException	当元素的属性找不到时，抛出异常
UnexpectedTagNameException	当支持类没有获得预期的 Web 元素时，抛出异常
NoAlertPresentException	当一个意外的警告出现时，抛出异常

9.2.2 重构——智能等待

在实际的项目中，代码在执行定位页面元素的过程中有些是需要等待时间的，但是如果在所有定位元素的操作之前都加上等待时间就比较麻烦，并且不易维护。此时可以考虑智能等待，方法很简单，可以在代码前面加上全局的智能等待时间，比如"driver.implicitly_wait(10)"。

何为智能，这里需要解释一下，比如在代码中，设定时间为 10 秒，如果元素定位花了 2 秒，那么这个页面的等待时间就是 2 秒，而不是设置的 10 秒。如果 10 秒内还没有定位到元素就会报错，元素定位失败。示例代码如下所示：

```
from selenium import webdriver
import time
driver = webdriver.Chrome()
driver.get('http://trains.ctrip.com/TrainBooking/SearchTrain.aspx')
driver.implicitly_wait(10)
driver.maximize_window()
try:
  driver.find_element_by_id('notice0').send_keys("上海")
except:
  print('element not found')
driver.find_element_by_id("notice08").send_keys("杭州")
```

第 10 章 数据驱动测试

数据驱动测试是自动化测试领域比较主流的设计模式之一，也是高级自动化测试工程师必备的技能之一。数据驱动框架是一种自动化测试框架，其目的在于可以让相同的脚本使用不同的测试数据，测试数据和测试行为（脚本）完全分离，便于测试的维护和扩展。

例如，测试登录操作时，需要用到多种用户来登录，然后验证系统的响应是否正确。这里，我们就可以先准备好要登录的用户数据（比如用户名和密码），只需一个自动化登录脚本即可实现。

数据驱动测试的一般步骤如下：

（1）编写脚本，脚本需要有可扩展性并且支持从对象、文件或者持久化数据库中读取测试数据。

（2）准备测试数据到文件或者数据库等外部介质中。

（3）循环调用介质中的数据库来驱动脚本执行。

（4）验证自动化测试结果。

在数据驱动框架中需要掌握 Python 对文件的基本操作等，在这一章中将详细讲解有关文件的相关操作。

10.1 一般文件操作

10.1.1 文本文件

Python 对文本文件的读取主要有三种模式：

1. read()

一次性读取文件，如果文件较大则占用内存较大。我们选择"w.txt"这个文件来做测试，如图 10.1 所示为内容截图：

图 10.1

测试代码如下：

```
f = open("w.txt",'r')
print(f.read(2))
```

测试结果如图 10.2 所示，read 函数也支持添加参数，比如输入参数 2 即为只输出前两个字符"ti"，返回值为字符串类型。这里需要注意，因为是读操作，所以文件权限设置为"r"。由于用到了 Python 中的字符串类"str"，所以可以使用单引号、双引号作为定界符。

图 10.2

2. readline()

特点是占用内存小、逐行读取、读取速度慢。我们以图 10.3 所示的文本文件内容为例，演示其用法，执行结果如图 10.4 所示。测试代码如下：

```
f = open("w.txt",'r')
print(f.readline())
print(f.readline())
```

返回值为字符串类型。这种情况比较适合文本文件比较大的时候，因为文件越大，直接占用的内存就越大。

```
1  tim selenium test
2  tim selenium test1
3  tim selenium test2
```

图 10.3

```
D:\software\python37\python.exe D:/software/selenium_new/file/test12.1.py
tim selenium test

tim selenium test1

Process finished with exit code 0
```

图 10.4

3. readlines()

其作用是一次性读取文本内容，并将结果存储在列表中。特点是，读取速度快，占用内存大。以上面的"w.txt"为例，改成用 readlines() 之后，执行结果如图 10.5 所示。从返回数据也可以看出，readlines() 的返回值是以列表形式进行存储的。

```
D:\software\python37\python.exe D:/software/selenium_new/file/test12.1.py
<class 'list'>
['tim selenium test\n', 'tim selenium test1\n', 'tim selenium test2']

Process finished with exit code 0
```

图 10.5

如要读取第一行数据，可以用 txt[0]，相当于获取列表元素的第一个元素；如要读取第二行数据，需要用 txt[1] 获取，以此类推。测试代码如下，执行结果如图 10.6 所示。

```
f = open("w.txt")
txt = f.readlines()

#获取 readlines()返回对象的类型
print(type(txt))
```

```
#获取返回对象的值
print(txt)

#获取列表对象的第一个元素
print(txt[0])
```

```
D:\software\python37\python.exe D:/software/selenium_new/file/test12.1.py
<class 'list'>
['tim selenium test\n', 'tim selenium test1\n', 'tim selenium test2']
tim selenium test

Process finished with exit code 0
```

图 10.6

简单的文本文件写操作，以空文本文件"test.txt"为例进行测试，脚本源码及执行结果如图 10.7 所示，代码执行成功。在 test.txt 文件中添加的文本如图 10.8 所示为"testtest seleniumpython"。需要注意的是，这里打开文件所需要的文件权限为"w"。

```
1  f=open('test.txt','w')
2  f.write('test')
3  f.writelines('test selenium')
4  f.write('python')
```

```
test911
/Library/Frameworks/Python.framework/Versions/3.7/bin/python3.7 /PycharmProjects/Sstone/test911.py

Process finished with exit code 0
```

图 10.7

```
                    test.txt
testtest seleniumpython
```

图 10.8

10.1.2　CSV 文件

CSV 的英文全称是（Comma Separated Values）。很多测试文件和测试数据可能会保存在 CSV 文件中，所以在实施自动化测试的过程中，经常要处理 CSV 文件的请求。因此，我们要熟练掌握如何对 CSV 文件进行处理的技能。

在处理 CSV 文件时，首先需要导入 CSV 模块，语句如"import csv"。例如，业务场景是"读取 test.csv 文件，并打印出第一列数据"，如图 10.9 所示。

test.csv - Exc
文件
开始
插入
页面布局
公式
数据
审阅
视图
帮助
操作说明搜索
剪切
复制
粘贴
格式刷
剪贴板
等线
11
字体
自动换行
合并后居中
对齐方式
常规
数字
条件格式
套用表格格式
常规
检查单元格
B4
selenium
python
appium
ruby
interface
java
php

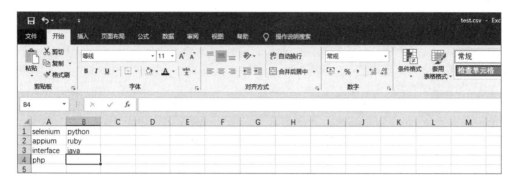

图 10.9

测试源码如下，执行结果如图 10.10 所示，在日志窗口成功输出了 CSV 文件中的第一列内容。

```
import csv
csvfile = "test.csv"
c = csv.reader(open(csvfile,'r'))
for cs in c:
    print(cs[0])
```

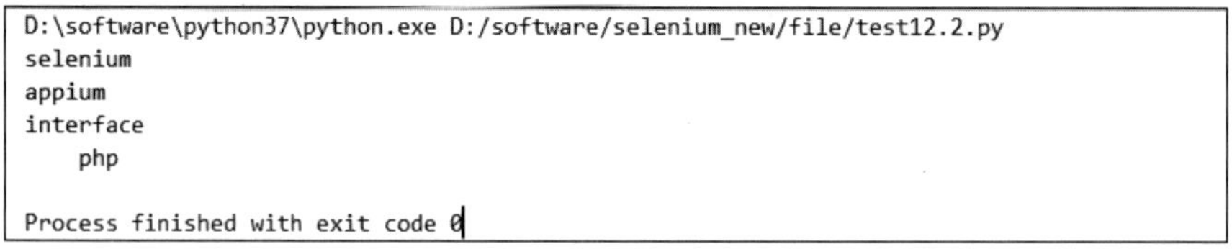

D:\software\python37\python.exe D:/software/selenium_new/file/test12.2.py
selenium
appium
interface
php
Process finished with exit code 0

图 10.10

从测试结果可以看出，上述代码成功输出了 CSV 文件的第 1 列数据，并自动设置为字符串类型。

在实际测试的过程中，经常要获取 CSV 文件中的每个单元格的数据并用于测试。在这里，演示一下如何将 CSV 文件中的每个单元格的数据打印出来，代码如下所示。

```
import csv
csvfile = "test.csv"
c = csv.reader(open(csvfile,"r"))

#获取 c 对象的类型
print(type(c))
```

```
for cs in c:
    for i in range(len(cs)):
        #print(type(cs[i]))
        print(cs[i])
```

执行结果如图 10.11 所示。可以看出输出内容包含 CSV 文件中所有的非空单元格。

```
D:\software\python37\python.exe D:/software/selenium_new/file/test12.2.py
<class '_csv.reader'>
selenium
python
appium
ruby
interface
java
    php

Process finished with exit code 0
```

图 10.11

10.1.3　Excel 文件

上一节介绍了 CSV 文件的处理方法，本节开始讲 Excel 文件的处理方法。CSV 和 Excel 文件都可以用微软 Excel 打开，两者有哪些差别呢？

- Excel 文件是二进制文件，以工作簿的形式来管理工作表；而 CSV 是一个文本格式的文件，其中的一系列文本以逗号分隔。

- Excel 功能更强大，不仅存储数据，而且包含和数据相关的公式。而 CSV 就相对简单很多，它只是一个普通的文本文件，并不包含格式、公式和宏命令等。

- Excel 文件不能被文本编辑器打开，而 CSV 文件可以被文本编辑器打开。

- 基于编程语言的角度来分析，当处理解析这两种文件时，Excel 文件比 CSV 文件要复杂一些，且会花费更多的时间。

10.1.3.1　读取 Excel 操作

Python 要读取 Excel 文件，需要先安装 xlrd 库，可以直接在命令行窗口运行"pip install xlrd"命令，如图 10.12 所示。另外，也可以利用离线包安装，离线包的下载地址是"https://pypi.org/project/xlrd/"，现在最新版是 1.20 版本，如图 10.13 所示。

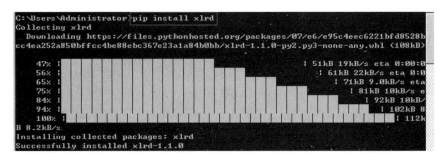

图 10.12

图 10.13

安装完 xlrd 库之后,就可以对 Excel 文件进行处理了。这里,以读取 Excel 文件 test.xlsx 为例,如图 10.14 所示,打开 Excel 文件可以直接用库中提供的 open_workbook()方法。除此之外,它还提供了以下三种获取 sheet 的方法。

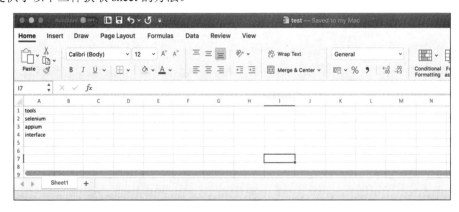

图 10.14

(1)通过 sheets()方法获取,名称为"Sheet1"的表获取方式是:sheets()[0]。

(2)通过 sheet 名称获取,名称为"Sheet1"的表获取方式是:sheet_by_name('Sheet1')。

(3)通过 sheet 索引获取,名称为"Sheet1"的表获取方式是:sheet_by_index(0)。

下面介绍几种常用的读取 Excel 表格的方法：nrows 方法获取行数，ncols 方法获取总列数，row_values 方法可以获取单元格值。具体的实现方法和执行结果，如图 10.15 所示。

```python
import xlrd
xls = xlrd.open_workbook('test.xlsx')
#sheet = xls.sheets()[0]    #通过sheets()方法获取sheet
#sheet = xls.sheet_by_name('Sheet1') #通过sheet_by_name()方法/sheet名字获取sheet
sheet = xls.sheet_by_index(0)#sheet_by_index()是通过索引值的方式获取sheet, 0表示第一个sheet.
print(sheet.nrows)   #打印表格总行数
print(sheet.ncols)   #打印表格总列数
print(sheet.row_values(1)[0])  #打印表格第2行，第1列单元格值
```

```
/Library/Frameworks/Python.framework/Versions/3.7/bin/python3.7 /PycharmProjects/Sstone/test913.py
4
1
selenium

Process finished with exit code 0
```

图 10.15

更进一步，若想获取所有的值可以用循环的形式，将 row_values 参数值设为变量，也就是将行、列数设置为变量，进行嵌套循环读取 Excel 表格中的单元格值。执行结果如图 10.16 所示。

```python
sheet = xls.sheet_by_index(0)#sheet_by_index()是通过索引值的方式获取sheet, 0表示第一个sheet.
print(sheet.nrows)   #打印表格总行数
print(sheet.ncols)   #打印表格总列数
for r in range(sheet.nrows):
    for c in range(sheet.ncols):
        print(sheet.row_values(r)[c])
```

```
/Library/Frameworks/Python.framework/Versions/3.7/bin/python3.7 /PycharmProjects/Sstone/test9131.py
4
1
tools
selenium
appium
interface

Process finished with exit code 0
```

图 10.16

10.1.3.2 写入 Excel 操作

刚刚介绍的是 Excel 文件的读取操作，与之对应的就是 Excel 文件的写入操作。写操作需要安装 Python 库 "xlwt"，安装方式和读取库类似，可以在命令行窗口执行命令 "pip install xlwt"，安装过程如图 10.17 所示。也可以通过离线包的形式来安装，离线包下载地址为 "https://pypi.org/project/xlwt/#files"。

图 10.17

同样，在运用"xlwt"时需要导入该类库"import xlwt"，这里介绍两种常用的方法。一种是 add_sheet()方法，作用是增加一个工作表 sheet；另一种是 write()方法，用于向 sheet 单元格中写入值，该方法有三个参数（行、列、具体值）。示例代码如下所示，运行结果如图 10.18 所示。

```
import xlwt
wb = xlwt.Workbook()
sheet = wb.add_sheet(u'测试')
sheet.write(0,0,"automation")
sheet.write(0,1,"selenium course")
wb.save('automate1.xls')
```

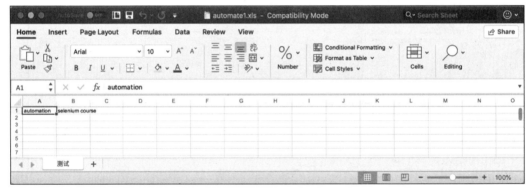

图 10.18

10.1.4 JSON 文件操作

JSON 是一种轻量级的数据交换格式，它通过一种完全独立于编程语言的文本格式来存储和表示数据。JSON 的特点是，不仅可读性强，而且也有利于机器解析和生成，一般用于提升网络传输速率。

利用 Python 处理 JSON 这种格式的数据前，需要先导入 JSON 类库，如"import json"。

JSON 库有两个比较重要的方法：

（1）dumps()方法：将 Python 对象编码成 JSON 字符串。

（2）loads()方法：将 JSON 字符串编码成 Python 对象。

dumps 方法示例代码如下：

```
import json
json_data = {'j1' : 1, 'j2' : 2, 'j3' : 3, 'j4' : 4}
json_1 = json.dumps(json_data)
print(json_1)
print(type(json_1))

#打印 Python 的字典元素
dict_data = {'j1' : 1, 'j2' : 2, 'j3' : 3, 'j4' : 4}
print(dict_data)
```

代码执行结果如图 10.19 所示，可以看出 JSON 格式数据字符串是双引号，而字典元素字符串为单引号。

```
/Library/Frameworks/Python.framework/Versions/3.7/bin/python3.7 /PycharmProjects/Sstone/test914.py
{"j1": 1, "j2": 2, "j3": 3, "j4": 4}
<class 'str'>
{'j1': 1, 'j2': 2, 'j3': 3, 'j4': 4}
Process finished with exit code 0
```

图 10.19

loads()方法示例代码如下：

```
#解码 JSON 数据，将其转化为字典类型数据
import json
json_data1 = '{"j1": 1, "j2": 2, "j3": 3, "j4": 4}'
text_json = json.loads(json_data1)
print(text_json)
print(type(text_json))
```

如图 10.20 所示，上例返回的数据是字典类型，通过转换表倒推可以发现，对应在 JSON 中的数据类型应该是 object 类型。之前通过 dump()方法得到的是"<class 'str'>"类型，它也是 object 的类型之一。

```
/Library/Frameworks/Python.framework/Versions/3.7/bin/python3.7 /PycharmProjects/Sstone/test914.py
{'j1': 1, 'j2': 2, 'j3': 3, 'j4': 4}
<class 'dict'>

Process finished with exit code 0
```

图 10.20

JSON 数据类型与 Python 数据类型转换如表 10.1 所示。

表 10.1

JSON 数据类型	Python 数据类型	JSON 数据类型	Python 数据类型
object	dict	number (real)	float
array	list	TRUE	TRUE
string	unicode	FALSE	FALSE
number (int)	int, long	null	None

在上例中，返回的数据是字典类型。通过上表倒推，可以发现 JSON 应该是 object 类型。而通过反推发现，JSON 数据类型是 "<class 'str'>"，它属于 object 类型。

接下来，举例说明如何读取 JSON 文件。先准备一个名为 "test.json" 的 JSON 文件，内容如下：

{"android":"appium","web":"selenium","interface":"python interface automation"}

代码如下：

```
import json
f = open('test.json','r')
print(json.load(f))
```

执行结果如图 10.21 所示。

```
/Library/Frameworks/Python.framework/Versions/3.7/bin/python3.7 /PycharmProjects/Sstone/test9143.py
{'android': 'appium', 'web': 'selenium', 'interface': 'python interface automation'}

Process finished with exit code 0
```

图 10.21

以上为 JSON 文件的读取操作，对 JSON 文件写操作代码如下：

```
import json
f = open("ttt.json","w")
js = {'android1': 'appium', 'web1': 'selenium', 'interface1': 'python interface automation'}
json.dump(js,f)
```

执行成功后，会生成名为"ttt.json"的 JSON 文件，其内容如图 10.22 所示。

```
{"android1": "appium", "web1": "selenium", "interface1": "python interface automation"}
```

图 10.22

10.1.5　XML 文件操作

XML（可扩展标记语言），是互联网数据传输的重要载体，它不受系统和编程语言的限制。可以说，它是一个数据携带者且具有高级别通行证。XML 传递的具有结构化特征的数据是系统间、组件间得以沟通交互的重要媒介之一。

编程实践中，XML 不仅可以用来标记数据，还可以用来定义数据类型等。XML 提供统一的方法来描述和交换结构化数据。XML 具体的用途主要表现在配置应用程序和网站、数据交互等。如下源码是一个名为 user.xml 的 XML 文件示例：

```xml
<?xml version="1.0" encoding="UTF-8" ?>
<users>
    <user id="1000001">
        <username>Admin1</username>
        <password>Admin1</password>
    </user>
    <user id="1000002">
        <username>Admin2</username>
        <password>Admin2</password>
    </user>
</users>
```

根据以上 XML 源码，分析 XML 文件结果如下：

- XML 声明部分一般位于 XML 文件的第一行，且声明一般包括版本号和文档字符编码格式。如上例所示，XML 文件遵循的是 1.0 版本的标准，其字符编码格式为"UTF-8"。

- XML 文档的根元素必须是唯一的。它的开始标签位于文档最前面而结束标签位于文档最后。如上例中，<users>和</users>是文档的根元素。

- 所有的 XML 元素都必须有结束标签。

- XML 标签对大小写敏感。
- 在 XML 文件中一些字符拥有特殊意义,不能够直接使用,容易造成文件格式错误,具体总结如表 10.2 所示。

表 10.2

显示结果	描述	实体名称	显示结果	描述	实体名称
	空格		&	和号	&amp;
<	小于号	&lt;	"	引号	&quot;
>	大于号	&gt;	'	撇号	&apos;

读取 user.xml 中的用户信息,可以先用 DOM 解析 XML,再用 getElementsByTagName 方法获取 user 标签的内容。user.xml 中有两个 user,第一个 user 内容用 list[0],获取其(根元素)属性用 getAttribute 方法,子标签用 getElementsByTagName 方法。读取 XML 文件的源码如下:

```python
import xml.dom.minidom
dom = xml.dom.minidom.parse('user.xml')
root = dom.documentElement
list = root.getElementsByTagName("user")
print(list[0].getAttribute("id"))
print(list[0].getElementsByTagName("password")[0].childNodes[0].nodeValue)
```

源码执行结果如图 10.23 所示,与预期的结果一致。

```
/Library/Frameworks/Python.framework/Versions/3.7/bin/python3.7 /PycharmProjects/Sstone/test9151.py
1000001
Admin1

Process finished with exit code 0
```

图 10.23

如果要遍历 XML 文件中的所有值,源码如下所示:

```python
import xml.dom.minidom
dom = xml.dom.minidom.parse('user.xml')
root = dom.documentElement
list = root.getElementsByTagName("user")
for l in list:
    print(l.getAttribute("id"))
    print(l.getElementsByTagName("password")[0].childNodes[0].nodeValue)
    print(l.getElementsByTagName("username")[0].childNodes[0].nodeValue)
```

源码执行结果如图 10.24 所示，与预期的结果一致。

```
/Library/Frameworks/Python.framework/Versions/3.7/bin/python3.7 /PycharmProjects/Sstone/test9152.py
1000001
Admin1
Admin1
1000002
Admin2
Admin2

Process finished with exit code 0
```

图 10.24

这里，针对读取 XML 文件的过程中用到的一些重要函数，补充几点说明。

xml.dom.minidom.parse()：返回文档节点对象。

getElementsByTagName()：返回带有指定名称的所有元素的节点列表（NodeList）。

getAttributes()：返回某一元素的属性值。

10.1.6 YAML 文件操作

YAML 是一种很直观的能够被电脑识别的数据序列化格式，易读，并且能够与脚本语言进行交互。从语法结构来看，YAML 类似 XML，但是其语法比 XML 简单。YAML（Yet Another Markup Language），翻译成中文是"另一种标记语言"。

YAML 的用途比较广泛，其中在配置文件方面的应用比较多。YAML 的语法结构比较简洁且强大，远比 JSON 格式方便。

YAML 的基本语法如下：

- 大小写敏感。

- 行缩进时不允许使用 Tab 键，只允许使用空格键。

- 缩进的空格数没有限制，只要相同层级的元素左侧对齐就可以。

- YAML 的缩进表示层级关系，相同的曾经元素左侧是对齐的。

- 符号"#"表示注释，这点和 Python 语言是一致的。

如果要利用 Python 操作 YAML 文件需要先安装 PyYAML 模块。安装命令是"pip install pyyaml"，如图 10.25 所示，表明 PyYAML 模块已经安装成功。

```
sh-3.2# pip install pyyaml
Collecting pyyaml
  Downloading https://files.pythonhosted.org/packages/9e/a3/1d13970c3f36777c583f136c136f804d70f50016
8edc1edea6daa7200769/PyYAML-3.13.tar.gz (270kB)
    100% |████████████████████████████████| 276kB 20kB/s
Installing collected packages: pyyaml
  Running setup.py install for pyyaml ... done
Successfully installed pyyaml-3.13
```

图 10.25

下面举例演示 YAML 文件的用法。

创建一个简单的 YAML 文件，名称为"config.yml"，其内容如下：

```
name: Jack
age: 23
children:
    name: Jason
    age: 2
    name_1: Jeff
    age_1: 4
```

读取 YMAL 文件的 Python 代码如下：

```python
import yaml
file_1 = open('config.yml')
#返回一个字典对象
yml = yaml.load(file_1,Loader=yaml.FullLoader)
print(yml)
print(type(yml))
```

代码执行结果如图 10.26 所示，从代码"print(type(yml))"的执行结果发现，处理 YAML 文件后得到的是一个字典对象。

```
/Library/Frameworks/Python.framework/Versions/3.7/bin/python3.7 /PycharmProjects/Sstone/test916.py
{'name': 'Jack', 'age': 23, 'children': {'name': 'Jason', 'age': 2, 'name_1': 'Jeff', 'age_1': 4}}
<class 'dict'>

Process finished with exit code 0
```

图 10.26

使用方法 yaml.dump 将一个 python 对象转化成 YAML 文档，示例代码如下：

```python
import yaml
object_1 = {'name': 'Jack', 'age': 23, 'children': {'name': 'Jason', 'age': 2, 'name_1': 'Jeff', 'age_1': 4}}
print(yaml.dump(object_1,))
```

执行结果如图 10.27 所示。

```
/Library/Frameworks/Python.framework/Versions/3.7/bin/python3.7 /PycharmProjects/Sstone/test916.py
age: 23
children: {age: 2, age_1: 4, name: Jason, name_1: Jeff}
name: Jack

Process finished with exit code 0
```

图 10.27

以上讲到将 YAML 格式转换为字典格式,其实 YAML 格式数据也可以转化为其他 Python 对象,比如列表或者复合结构的数据(如字典数据类型和列表的混合数据类型)。示例代码如下:

```python
import yaml
#将YAML格式的数据转化为Python list类型的数据
file_2 = open('config6.yml')
yml = yaml.load(file_2,Loader=yaml.FullLoader)
print(yml)
print(type(yml))
#将YAML格式的数据转化为复合类型的数据,其中包含list和字典数据类型
file_3 = open('config6.yml')
yml_3 = yaml.load(file_3,Loader=yaml.FullLoader)
print(yml_3)
print(type(yml_3))
```

以上代码分为两部分,第一部分是将 YAML 格式的文件转换为列表数据类型的文件。其中 YAML 数据文件内容如下,注意符号"-"与数值之间要有空格分开。

```
- James
- 20
- Lily
- 19
```

第二部分是将 YAML 格式的文件转换为复合数据类型的文件,包含列表和字典,其实是在列表中有字典元素存在。数据文件内容如下:

```
- name: James
  age: 20
- name: Lily
  age: 19
```

代码最终的执行结果如图 10.28 所示。

```
/Library/Frameworks/Python.framework/Versions/3.7/bin/python3.7 /PycharmProjects/Sstone/test916.py
['James', 20, 'Lily', 19]
<class 'list'>
[{'name': 'James', 'age': 20}, {'name': 'Lily', 'age': 19}]
<class 'list'>

Process finished with exit code 0
```

图 10.28

10.1.7 文件夹操作

通过前面的介绍，相信大家已经掌握了对各种文件的操作。在自动化测试过程中，不可避免地要对文件夹进行操作。接下来，将通过代码来演示文件夹的有关操作，如文件和文件夹路径的识别、创建或删除文件夹等。

```python
#coding=utf-8
#操作文件夹需要导入'os'模块
import os
#打印当前执行脚本所在目录
print(os.getcwd())
#如果当前路径存在则返回"True"，如果不存在则返回"False"
print(os.path.exists('/PycharmProjects/Sstone/tt.png'))
#判断当前路径是否是一个文件，如果是，则返回"True"
print(os.path.isfile('/PycharmProjects/Sstone/tt.png'))
#可以删除多级目录
os.removedirs('/PycharmProjects/Sstone/')
#在当前目录下创建'test1221'单个文件夹
os.mkdir("test1221")
#可以创建多级目录
os.makedirs('/PycharmProjects/Sstone/1/2/3')
```

10.2 通过 Excel 参数，实现参数与脚本的分离

之前的章节，我们都是将测试数据写在代码中，这种在程序中直接给代码赋值的形式俗称"hardcode"。直接将数据写在源代码中，若测试数据有变，并不利于数据的修改和维护，会造成程序的质量变低。

我们可以尝试通过将测试数据放到 Excel 文档中来实现测试数据的管理，而数据驱动框架的概念正是由此而来。

10.2.1 创建 Excel 文件，维护测试数据

创建 Excel 文件 "testdata.xlsx" 以备测试之用，具体数据如图 10.29 所示。

图 10.29

下一步需要用 Python 实现读取 Excel 文件的函数功能以备测试之用。代码如下：

```
def read_excel(filename, index, cloumn):
#运用 xlrd 模块的 open 方法来打开 Excel 文件
xls = xlrd.open_workbook(filename)
#指定要选择的表格
sheet = xls.sheet_by_index(index)
#打印选定表格的行数
print(sheet.nrows)
#打印选定表格的列数
print(sheet.ncols)
#声明一个空的列表 data
data = []
#表明用 for 循环遍历 Excel 中的第一列数据，然后将遍历加入列表 data 中
    for i in range(sheet.nrows):
        data.append(sheet.row_values(i)[0])
        print(sheet.row_values(i)[0])
    #返回列表 data
    return data
```

上述代码创建了命名为 read_excel 的函数，并设置了三个参数。其中，filename 是 Excel 文件名，可以指定为相对路径；Index 是 Sheet 的编号，比如 Excel 中 Sheet1 表格的 index 值为 0；column 是表格的列，比如 A 列对应的值为 0。

以上是用列表的方式来存储 Excel 中读取的数据，通过观察可以看到 A 列有 3 行数据，B 列有 4 行数据。其实这种情况下用字典的形式来存储数据比较好，每一列数据存储到一个列表中。新的读取 Excel 文件的函数代码如下：

```
def read_excel(filename, index):
    xls = xlrd.open_workbook(filename)
    sheet = xls.sheet_by_index(index)
```

• 185 •

```
    print(sheet.nrows)
    print(sheet.ncols)
    dic = {}
    for j in range(sheet.ncols):
        data = []
        for i in range(sheet.nrows):
            data.append(sheet.row_values(i)[j])
        dic[j] = data
    print(dic)
    return dic
```

以下代码调用为输出所有的 excel 文件中第一个 sheet 的所有数据,代码执行结果如图 10.30 所示,和 Excel 文件中的数据是一致的。从输出结果可以看到 Excel 文件有 3 行 2 列,还有数据的实际情况。

```
print(read_excel("testdata.xlsx",0))
```

```
D:\software\python37\python.exe D:/software/selenium_new/test/test12.2.py
3
2
{0: ['上海', '杭州', '小张'], 1: ['南京', '杭州', '小王']}

Process finished with exit code 0
```

图 10.30

10.2.2 Framework Log 设置

关于日志,笔者相信软件开发人员或者测试人员对于这个概念应该不会陌生。它是可以追踪应用运行时所发生的事件的一种方法。事件(Event)是有轻重缓急的,可以用严重等级来区分,相应的日志也有日志等级之分。

日志非常重要,通过日志可以方便用户了解应用的运行情况,如果日志内容或者程度足够丰富,也可以分析诸如用户偏好、习惯、操作行为等信息,也是现在流行的大数据分析的一种。所以说,日志非常重要。一般来说,日志的作用有以下两点:

(1)程序调试。

(2)了解软件健康状况,查看软件运行是否正常等。现在基于日志的分析统计软件也有很多,比如 Splunk 就是其中的佼佼者,它提供了很多日志分析、查询、统计功能,还有强大的报表定制化功能。

不同系统或者软件有不同的日志等级的定义，总结一下，常用的日志等级如下：

- DEBUG。
- INFO。
- WARNING。
- ERROR。
- ALERT。
- NOTICE。
- CRITICAL。

日志的一般组成结构如下：

- 事件发生的时间，有些国际化软件还要有时区的信息，比如 GMT 等。
- 事件的发生位置，比如事件发生时，程序执行的代码信息等。
- 事件的严重程度，也就是日志等级。
- 事件的内容，一般由开发者控制，哪些内容要输出，以及以什么样的格式输出。

一般的开发语言都会有日志相关的模块（功能），比如 log4j、log4php 等功能强大，使用简单。Python 自身也提供了日志的标准库模块 logging。

logging 模块的日志级别设定有：

- DEBUG，通常打印的日志信息很详细，这种级别的设定场景一般是在进行问题定位和调试。
- INFO，信息详细程度仅次于 DEBUG，通常只记录关键的信息点，用于确认软件是否按照正常的预期在运行。
- WARNING，当某些异常信息发生时系统记录的日志信息，而此时软件一般是正常运行的。比如 App 服务器内存（Memory）抵达使用的临界点，比较成熟的软件会有日志提醒。
- ERROR，由于一个更加严重的问题导致软件运行不正常而记录的相关信息。比如内容溢出异常等。

- CRITICAL，当严重的错误发生时直接导致宕机、软件服务等无法使用，或者在访问时记录相关的信息。

日志的等级从低到高依次为 DEBUG < INFO < WARNING < ERROR < CRITICAL，但是相应的日志记录的信息量是逐步减少的。

logging 模块定义日志级别常用的函数：

- logging.debug(msg,*args,**kwargs)。
- logging.info(msg,*args,**kwargs)。
- logging.warning (msg,*args,**kwargs)。
- logging.error(msg,*args,**kwargs)。
- logging.critical(msg,*args,**kwargs)。

以上函数的作用是为了创建如 DEBUG、INFO、WARNING、ERROR、CRITICAL 等日志级别的日志。此外，还有两种常用的函数，作用如下：

- logging.log(level,*args,**kwargs)：用于创建一个日志级别为 level 的日志记录。
- logging.basicConfig(**kwargs)：对 root logger 进行配置，主要用于指定"日志级别""日志格式""日志输出位置/文件""日志文件的打开模式"等信息。

logging 模块的四大组件如下：

（1）loggers（提供应用程序码直接使用的接口）。

（2）handlers（用于将日志记录发送到指定的位置）。

（3）filters（提供日志过滤功能）。

（4）formatters（提供日志输出格式设定功能）。

以下为简单的 logging 模块使用案例：

```
import logging
logging.debug("I am a debug level log.")
logging.info("I am a info level log.")
logging.warning("I am a warning level log.")
logging.error("I am a error level log.")
logging.critical(" I am a critical level log.")
```

以上案例也可以使用另外一种写法，源码如下：

```
import logging
logging.log(logging.DEBUG,"I am a debug level log.")
logging.log(logging.INFO,"I am a info level log.")
logging.log(logging.WARNING,"I am a warning level log.")
logging.log(logging.ERROR,"I am a error level log.")
logging.log(logging.CRITICAL,"I am a critical level log.")
```

在控制台中输出结果如下：

```
WARNING:root:I am a warning level log.
ERROR:root:I am a error level log.
CRITICAL:root: I am a critical level log.
```

我们会发现，DEBUG 和 NFO 级别的日志没有输出来。这是因为 logging 模块提供的日志记录函数所使用的日志器设置的级别为 WARNING，因此只有 WARNING 级别及大于该级别的（如 ERROR、CRITICAL）日志才会输出，而严重级别比 WARNNING 低的日志被丢弃了。

打印出来的日志信息如"WARNING:root:I am a warning level log."各个字段的含义分别是日志级别、日志器名称和日志内容。日志之所以用这样的格式输出，是因为日志器中设置的是默认格式 BASIC_FORMAT，其值为"%(levelname)s:%(name)s:%(message)s"。

另外，为什么日志输出到控制台而没有输出到别的地方？原因是日志器中用的是默认输出位置"sys.stderr"。

如果要改变日志输出位置，需要手动调用函数 basicConfig()进行设置。basicConfig()函数的定义为"logging.basicConfig(**kwargs)"。

该函数的参数描述如下：

- Filename：指定输出目标文件名，用于保存日志信息。设置该配置项后，日志就不会输出到控制台了。

- FileMode：指定日志文件的打开模式，默认为"a"，且仅在 filename 指定时生效。

- Format：指定输出的格式和内容，format 可以输出很多有用的信息。

- DateFmt：指定日期/时间格式。

- Level：指定日志器的日志级别。

- Stream：指定日志输出目标 stream，比如"sys.stdout""sys.stderr"。需要注意的是，stream 配置项和 filename 配置项不能同时提供，可能会造成冲突和产生 ValueError 异常。
- Style：Python3 之后新添加的配置项，用于指定 format 格式字符串的风格，可取值为"%""{"和"$"。其默认值为"%"。

Handlers：Python 6.3 之后新添加的配置项。该选项如果被指定，它应该是一个创建了多个 Handler 的可迭代对象，这些 handler 将会被添加到 root logger。需要说明的是，filename、stream 和 handlers 这三个配置项只能有一个存在，不能同时出现 2 个或 3 个，否则会引发 ValueError 异常。

logging 模块关于日志格式字符串字段的介绍如表 10.3 所示。

表 10.3

字段/属性名称	使用格式	描述
asctime	%(asctime)s	日志事件发生的时间——可读时间，如：2019-01-07 16:49:45,896
created	%(created)f	日志事件发生的时间——时间戳
relativeCreated	%(relativeCreated)d	日志事件发生的时间相对于 logging 模块加载时间的相对毫秒数（目前还不知道用处）
msecs	%(msecs)d	日志事件发生时间的毫秒部分
levelname	%(levelname)s	该日志记录的文字形式的日志级别（'DEBUG', 'INFO', 'WARNING', 'ERROR', 'CRITICAL'）
levelno	%(levelno)s	该日志记录的数字形式的日志级别（10, 20, 30, 40, 50）
name	%(name)s	所使用的日志器名称，默认是'root'，因为默认使用的是 rootLogger
message	%(message)s	日志记录的文本内容，通过 msg % args 计算得到的
pathname	%(pathname)s	调用日志记录函数的源码文件的全路径
filename	%(filename)s	pathname 的文件名部分，包含文件后缀
module	%(module)s	filename 的名称部分，不包含后缀
lineno	%(lineno)d	调用日志记录函数的源代码所在的行号
funcName	%(funcName)s	调用日志记录函数的函数名
process	%(process)d	进程 ID
processName	%(processName)s	进程名称（Python 3 新增）
thread	%(thread)d	线程 ID
threadName	%(thread)s	线程名称

配置日志器的日志级别，代码如下：

```
import logging
logging.basicConfig(level=logging.DEBUG)

logging.log(logging.DEBUG,"I am a debug level log.")
logging.log(logging.INFO,"I am a info level log.")
logging.log(logging.WARNING,"I am a warning level log.")
logging.log(logging.ERROR,"I am a error level log.")
logging.log(logging.CRITICAL,"I am a critical level log.")
```

控制台输出的内容如下：

```
DEBUG:root:I am a debug level log.
INFO:root:I am a info level log.
WARNING:root:I am a warning level log.
ERROR:root:I am a error level log.
CRITICAL:root:I am a critical level log.
```

以上所有等级的日志信息都被输出了，说明之前的配置已经生效。在配置了日志级别的基础上，再配置日志输出、日志文件和日志格式，代码如下：

```
import logging
LOG_FORMAT = "%(asctime)s - %(levelname)s - %(message)s"
logging.basicConfig(filename="log1.log",level=logging.DEBUG,format=LOG_FORMAT)

logging.log(logging.DEBUG,"I am a debug level log.")
logging.log(logging.INFO,"I am a info level log.")
logging.log(logging.WARNING,"I am a warning level log.")
logging.log(logging.ERROR,"I am a error level log.")
logging.log(logging.CRITICAL,"I am a critical level log.")
```

代码执行完毕，在当前目录下生成一个日志文件"log1.log"，内容如下：

```
2019-01-06 19:54:42,093 - DEBUG - I am a debug level log.
2019-01-06 19:54:42,093 - INFO - I am a info level log.
2019-01-06 19:54:42,093 - WARNING - I am a warning level log.
2019-01-06 19:54:42,093 - ERROR - I am a error level log.
2019-01-06 19:54:42,093 - CRITICAL - I am a critical level log.
```

在以上配置的基础上，我们也可以加上日期/时间格式的配置，测试源码如下：

```
import logging
```

```
LOG_FORMAT = "%(asctime)s - %(levelname)s - %(message)s"
DATE_FORMAT = "%m/%d/%Y %H:%M:%S %p"
logging.basicConfig(filename='log6.log', level=logging.DEBUG, format=LOG_
FORMAT,datefmt=DATE_FORMAT)

logging.log(logging.DEBUG,"I am a debug level log.")
logging.log(logging.INFO,"I am a info level log.")
logging.log(logging.WARNING,"I am a warning level log.")
logging.log(logging.ERROR,"I am a error level log.")
logging.log(logging.CRITICAL,"I am a critical level log.")
```

代码执行完毕，在当前目录下生成一个日志文件"log6.log"，内容如下：

```
01/06/2019 20:05:51 PM - DEBUG - I am a debug level log.
01/06/2019 20:05:51 PM - INFO - I am a info level log.
01/06/2019 20:05:51 PM - WARNING - I am a warning level log.
01/06/2019 20:05:51 PM - ERROR - I am a error level log.
01/06/2019 20:05:51 PM - CRITICAL - I am a critical level log.
```

以上是对 Python Log 的一个简单的介绍，如果想对 Python Log 有更深入的了解，请参考官方文档 "https://docs.python.org/6.7/howto/logging.html"。

下面定义一个 log 函数，目的是定义 logging 的 basicConfig 等信息。其中有一个比较重要的信息是，Log 存放的文件在当前目录下的 log-selenium.log 文件中，具体代码如下：

```
def log(str):
    logging.basicConfig(level=logging.INFO,
                format='%(asctime)s %(filename)s %(levelname)s %(message)s',
                datefmt='%a, %d %b %Y %H:%M:%S',
                filename='log-selenium.log',
                filemode='a')
    console = logging.StreamHandler()
    console.setLevel(logging.INFO)
    formatter = logging.Formatter('%(name)-12s: %(levelname)-8s %(message)s')
    console.setFormatter(formatter)
    logging.getLogger('').addHandler(console)
    logging.info(str)
```

10.2.3 初步实现数据驱动

通过以上定义 Excel 文件数据读取和 framework log 读取设置的方式，我们对于数据和测试代码分离的思想有了初步认识。下面将以上知识应用到火车票项目中,整体项目代码结构如图 10.31 所示。

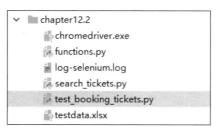

图 10.31

functions.py 代码如下（基础代码）：

```
from datetime import datetime,date,timedelta
from selenium import webdriver
import xlrd
import logging


#driver 设置和打开携程火车票网站
driver =webdriver.Chrome()
'''
函数 return_driver()将返回driver 对象
'''
def return_driver():
    return driver
'''
函数 open_base_site(url)的功能是打开携程火车票首页面
'''
def open_base_site(url):
    #driver.get("https://trains.ctrip.com/TrainBooking/SearchTrain.aspx")
    driver.get(url)
'''
函数 date_n(n) 为返回 n 天后的日期
'''
def date_n(n):
    return str((date.today() + timedelta(days = +int(n))).strftime("%Y-%m-%d"))
'''
函数 id 为返回按照 id 属性来定位元素的语句
'''
```

```python
def id(element):
    return driver.find_element_by_id(element)

'''
函数 css 返回按照 css selector 方式来定位元素的语句
'''
def css(element):
    return driver.find_element_by_css_selector(element)

'''
函数 xpath 返回按照 xpath 方式来定位元素的语句
'''
def xpath(element):
    return driver.find_element_by_xpath(element)


'''
函数 js 通过 Selenium 来执行 JavaScript 语句
'''
def js(element):
    driver.execute_script("document.getElementById(" + "'" + element + "'" + ").removeAttribute('readonly')")


#这是新添加的函数，用于处理和获取 Excel 文件中的测试数据
def read_excel(filename,index):
    xls = xlrd.open_workbook(filename)
    sheet = xls.sheet_by_index(index)
    #print(sheet.nrows)
    #print(sheet.ncols)
    dic={}
    for j in range(sheet.ncols):

        data=[]
        for i in range(sheet.nrows):
          data.append(sheet.row_values(i)[j])
        dic[j]=data
    return dic


def log(str):
    logging.basicConfig(level=logging.INFO,
                format='%(asctime)s %(filename)s %(levelname)s %(message)s',
                datefmt='%a, %d %b %Y %H:%M:%S',
                filename='log-selenium.log',
```

```
                filemode='a')
console = logging.StreamHandler()
console.setLevel(logging.INFO)
formatter = logging.Formatter('%(name)-12s: %(levelname)-8s %(message)s')
console.setFormatter(formatter)
logging.getLogger('').addHandler(console)
logging.info(str)
```

search_tickets.py 的代码如下：

```
'''
此页面的功能是测试火车票查询的页面元素。
'''
from selenium.webdriver.common.action_chains import ActionChains
from functions import date_n,id,css,xpath,js,return_driver,open_base_site
#from selenium import webdriver
import time

'''
函数名： search_tickets
参数：
 from_station: 出发站
 to_station: 到达站
 n： 是一个数字，如 1 表示选择明天的车票，2 表示选择后天的车票。
'''
def search_tickets(from_station,to_station,n):
    driver =return_driver()
    open_base_site("https://trains.ctrip.com/TrainBooking/SearchTrain.aspx")
    #from_station = "上海"
    from_station = from_station
    #to_station = "杭州"
    to_station = to_station
    
    #以下为 tomorrow 变量
    tomorrow = date_n(n)
    
    #定位出发城市和到达城市的页面元素，设置其值为以上定义值
    id("notice01").send_keys(from_station)
    id("notice08").send_keys(to_station)
```

```python
#移除出发时间的'readonly'属性
js("dateObj")
time.sleep(2)
#清除出发时间的默认内容
id("dateObj").clear()
time.sleep(2)
#定义搜索车次日期
id("dateObj").send_keys(tomorrow)

#以下步骤是为了解决日期控件弹出窗在输入日期后无法消失的问题，以防影响测试的进行，
#原理是为了让鼠标左键单击页面空白处

ActionChains(driver).move_by_offset(0,0).click().perform()

#单击"车次搜索"按钮
id("searchbtn").click()
```

测试代码文件 test_booking_tickets.py 如下：

```python
import time
from functions import date_n,id,css,xpath,js,return_driver,open_base_site
from functions import read_excel
from functions import log
from search_tickets import search_tickets

#搜索火车票列表
#search_tickets("上海","杭州",1)
log("Read Excel Files to get test data.")
dic1 = read_excel("testdata.xlsx",0)
log("Begin to search tickets")
search_tickets(dic1[0][0],dic1[0][1],1)
log("End to search tickets")
log("Begin to get driver object.")
driver = return_driver()

#在页面跳转时最好加一些时间等待的步骤，以免元素定位出现异常
time.sleep(2)

#通过在K1805车次的硬座区域单击"预订"按钮来预订车票
#此处为了代码的健壮性，需要用xpath+模拟查询来增强测试代码
log("Click book button :)")
xpath("//div[starts-with(@id,'tbody-01-K1805')]/div[1]/div[6]/div[1]/a")
```

```
.click()

#不登录携程系统订票
time.sleep(5)

#增加浏览器窗口最大化的操作是为了解决脚本偶尔不稳定的问题
driver.maximize_window()
id("btn_nologin").click()
time.sleep(3)

#在订单信息页面输入乘客姓名信息
#css("#pasglistdiv > div > ul > li:nth-child(2) > input").send_keys("小刘")
log("input order information")
css("#pasglistdiv > div > ul > li:nth-child(2) > input").send_keys(dic1[0][2])
```

按照上述结构来配置代码并执行,结果如图 10.32 所示。执行完毕,会在当前目录生成一个 log 文件,如图 10.33 所示。

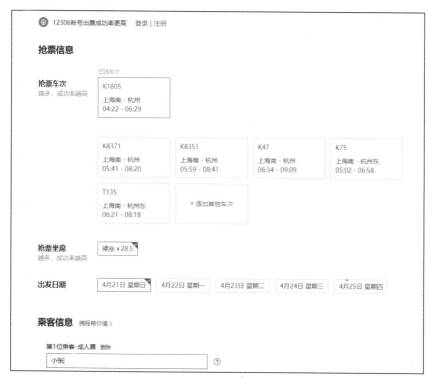

图 10.32

```
1
2  Sun, 21 Apr 2019 00:35:38 functions.py INFO Read Excel Files to get test data.
3  Sun, 21 Apr 2019 00:35:38 functions.py INFO Begin to search tickets
4  Sun, 21 Apr 2019 00:35:50 functions.py INFO End to search tickets
5  Sun, 21 Apr 2019 00:35:50 functions.py INFO Begin to get driver object.
6  Sun, 21 Apr 2019 00:35:52 functions.py INFO Click book button :)
7  Sun, 21 Apr 2019 00:36:01 functions.py INFO input order information
8
```

图 10.33

10.3 数据驱动框架 DDT

10.3.1 单元测试

单元测试，百度百科上的解释是"对软件中的最小可测单元进行检查和验证"。一般来说对于单元的含义，不同的编程语言要根据实际情况去判定，比如在 C 语言中指一个函数，而在 Java 中可能指一个类。

从细节上，单元测试是开发者编写的一小段代码，用于检验被测代码的一个很小、很明确的功能是否正确。所以单元测试是比较重要的，可以将一些系统的 bug 扼杀在初始阶段，这样花费的代价比在集成测试、系统测试阶段要小得多。

对面向对象编程语言 Python 来说，最小的可测单元应该是类，在学习单元测试之前需要先介绍一下 Python 类的相关知识。

类的定义和使用在面向对象的编程语言中很常见，是一种抽象的概念集合，表示一个共性的产物，类中通常会定义属性和行为（方法）。下面举例说明类的结构并进行简单运用，有两点需要注意：

（1）在 Python 中无论函数还是类，定义其范围不用其他语言常用的大括号"{}"而是用缩进的方式，如下面例子中 info1 函数的函数体就只有一行"print("this is a pig")"。

（2）函数、类以及判断语句声明部分结束后要以冒号"："结尾。请注意下例中函数和类声明行的结尾处。

```
#coding=utf-8
class Pig(object):
    def info1(self):
```

```
        print("this is a pig")
pig = Pig()
pig.info1()
```

此例中定义了一个类"Pig",此类派生自 object。首先,定义类成员变量或方法,此类中定义了一个方法"info1"。然后,要实例化一个 pig 类。最后,实现调用方法"info1",输出字符串"this is a pig"。

以上只是一个简单的类的应用举例,让大家先对类有一个直观的认识。其实类的知识点有很多,碍于篇幅的限制,本书只会介绍比较常用和重要的知识点。

类其实也可以理解为代码的另外一种抽象,有些类似于函数,目的之一是提供代码重用性和提供编码效率。在面向对象的编程语言中,类和实例都是特别重要的概念。示例代码如下,执行结果如图 10.34 所示。

```
#coding=utf-8
class Person(object):
    def __init__(self,name,age):
        self.name = name
        self.age = age

    def print_info(self):
        print('%s: %s' % (self.name,self.age))


p1 = Person('Jack',23)
print(p1.name)
print(p1.age)
```

以上代码主要介绍了一个常见的简单类的构造过程和实例化使用,类中主要包含构造函数 __init__ 和函数 print_info()。

```
/Library/Frameworks/Python.framework/Versions/3.7/bin/python3.7 /PycharmProjects/Sstone/test311.py
Jack
23

Process finished with exit code 0
```

图 10.34

一般来讲,"类"是描述一类事物的载体。在虚拟的代码世界,如果要描述整个现实世界就需要引入"类"这样的载体和方法。

举一个实例来说明一下"类",以便我们更快地熟悉它的用法,代码如下:

```python
#coding=utf-8
class animal:

    #定义类的属性(动物年龄)
age =10
#Python 的初始化函数
    def __init__(self,name):
        self.name=name
    #类的成员方法
    def eat(self):
        print("have something")
        print(self.name)

#定义子类 bird,继承父类 animal
class bird(animal):
    #定义子类的初始化函数
def __init__(self,name,color):
    #这里定义的方法是,如果子类中没有定义 name 属性,那么就继承父类的 name 属性,如
#果子类中定义了 name 属性,那么就使用子类定义的属性
        super(bird,self).__init__(name)
        #定义属性 color
        self.color=color
    #定义方法 fly
    def fly(self):
        print(self.name)
        print(self.color)

#开始执行,有点类似 Java 的 main 方法,相当于程序的主入口,可以直接在命令行执行
if __name__=='__main__':
a = animal("xiaoli")
a.eat()
    #实例化对象的操作
    b =bird("xiaoniao","red")
    b.fly()
b.eat()
#以字典的形式打印对象 b 的属性值
    print(b.__dict__)
```

上述代码中的备注部分已经对代码行做了一些必要的解释,这里不再赘述,代码的执行结果如图 10.35 所示。

```
xiaoniao
red
have something
xiaoniao
{'name': 'xiaoniao', 'color': 'red'}

Process finished with exit code 0
```

图 10.35

单元测试库（UnitTest）实现了我们在开发代码过程中实际值和预期值进行比较等功能，使用起来很方便。UnitTest 作为一种单元测试框架，其思想来源于 JUnit，跟目前市场上主流的一些测试框架有很多相似之处。

UnitTest 工作流中核心的四大组件简介：

（1）Test Fixture 是指在执行测试之前的准备工作，比如数据清理工作、创建临时数据库、目录，以及开启某些服务进程等。

（2）Test Case 是最小的测试单元，具有独立性。主要检测输出结果是否满足期望，这些结果基于一系列特定的输入。UnitTest 提供了一个基类"TestCase"用来创建新的 Test Cases。

（3）Test Suite 可以简单理解为 Test Case 的集合，主要用于对于集成管理要在一起执行的测试用例。

（4）Test Runner 也是 UnitTest 的一个重要组件，主要用于协调测试的执行并提供结果输出给用户参考。

如图 10.36 所示是 UnitTest 中常用的断言。

Method	Checks that	New in
assertEqual(a, b)	a == b	
assertNotEqual(a, b)	a != b	
assertTrue(x)	bool(x) is True	
assertFalse(x)	bool(x) is False	
assertIs(a, b)	a is b	3.1
assertIsNot(a, b)	a is not b	3.1
assertIsNone(x)	x is None	3.1
assertIsNotNone(x)	x is not None	3.1
assertIn(a, b)	a in b	3.1
assertNotIn(a, b)	a not in b	3.1
assertIsInstance(a, b)	isinstance(a, b)	3.2
assertNotIsInstance(a, b)	not isinstance(a, b)	3.2

图 10.36

UnitTest 提供了很丰富的工具集来创建和运行单元测试。

（1）所有的测试用例类要继承基本类 unittest.TestCase。Python 语法规定，父类要写在小括号内，如："XXXTest(unittest.TestCases)"。

（2）unittest.main()的作用是使一个单元测试模块变为可直接运行的测试脚本。

main()方法使用 TestLoader 类来搜索所有包含在该模块中以"test"命名开头的测试方法，并自动执行他们。执行方法的默认顺序是，根据 ASCII 码的顺序加载测试用例，数字与字母的顺序为 0-9、A-Z、a-z。因此 A 开头的方法会优先执行，a 开头的方法会后执行。

（1）unittest.TestSuite()，单元测试框架中的 TestSuite()类用于创建测试套件，其中最常用的一个方法是 addTest()，该方法的功能是将测试用例添加到测试套件中。

（2）每一个独立的单元脚本中的测试方法应该都是以"test"字符串开始的，这样的命名惯例是不能更改的，或者单元测试不会照常执行。

（3）assertEqual()方法的功能是验证实际执行结果是不是期望值。

（4）assertTrue()和 assertFalse()的功能是验证是否满足一定条件。

（5）assertRaises()的功能是为了验证单元测试是否会抛出某一个特定异常，如 TypeError。

（6）setUp()方法用于测试用例执行前的初始化工作。比如在测试登录 Web 应用时，在 setUp()方法中去实例化浏览器等操作。

（7）teardown()方法用于测试用例执行之后的善后操作，如关闭数据库连接、关闭浏览器等操作。

（8）assertXxx()，一般是一些断言方法，在执行测试用例的过程中，最终测试用例要求执行通过，否则判定预期值和实际值是否一致。

如下为单元测试练习代码：

```
import unittest
class add(unittest.TestCase): #声明一个测试类
    def setUp(self):
        pass
    def test_01(self):
        self.assertEqual(2,2)
```

```
    #test_01 方法的功能是判断 2 与 2 是否相等，预期结果为相等
        def test_02(self):
            self.assertEqual('selenium','appium')
    #test_02 方法的功能是判断"selenium"字符串和"appium"是否相等，预期结果为不相等
        def test_03(self):
            self.assertEqual('se','se')
    #test_03 方法的功能是判断"se"和"se"是否是同样的字符串，预期结果是相同的
        def tearDown(self):
            pass

    if __name__ == '__main__':
        unittest.main()
```

执行结果如图 10.37 所示。

```
File "/Library/Frameworks/Python.framework/Versions/3.7/lib/python3.7/unittest/case.py", line 839, in assertEqual
    assertion_func(first, second, msg=msg)
File "/Library/Frameworks/Python.framework/Versions/3.7/lib/python3.7/unittest/case.py", line 1220, in assertMultiLineEqual
    self.fail(self._formatMessage(msg, standardMsg))
File "/Library/Frameworks/Python.framework/Versions/3.7/lib/python3.7/unittest/case.py", line 680, in fail
    raise self.failureException(msg)
AssertionError: 'selenium' != 'appium'
- selenium
+ appium
```

图 10.37

下面我们用 UnitTest 运行一个 WebDriver 的测试用例，业务场景是：

（1）打开 Chrome 浏览器，打开百度首页。

（2）在搜索输入框中输入"python"，然后单击"百度一下"搜索按钮。

（3）检测返回页面中是否有"python"字符串。

代码如下：

```
#encoding = utf-8
import unittest
from selenium import webdriver
import time
#driver = webdriver.chrome()
class add(unittest.TestCase):  #声明一个测试类
    def setUp(self):
        #启动 Chrome 浏览器
        self.driver = webdriver.Chrome()
```

```python
    def testBaidu(self):
        self.driver.get("https://www.baidu.com")
        self.driver.find_element_by_id("kw").clear()
        self.driver.find_element_by_id("kw").send_keys(u"python")
        self.driver.find_element_by_id("su").click()
        time.sleep(5)
        assert u"python" in self.driver.page_source,"页面中不存在要搜索的关键字！"

    def tearDown(self):
        self.driver.quit()

if __name__ == '__main__':
    unittest.main()
```

单元测试结果如图 10.38 所示。

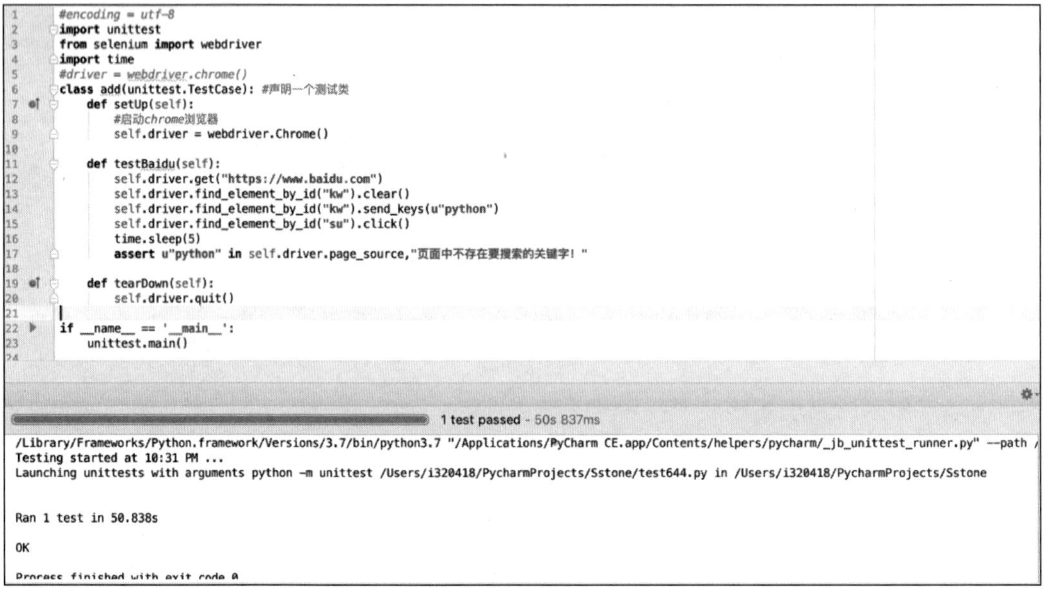

图 10.38

在实际工作中，通常一个测试会包含多个测试用例，这些测试用例可能来源于多个不同的模块。此时，利用自动化测试框架来进行批量执行，就可以省时省力，从而提高测试的效率。

接下来，将具体介绍如何批量执行脚本。

(1) 创建一个项目 "BatchRun"。

(2) 在项目上新建 Python Package，命令为 TestSuite。

(3) 在 TestSuite 下新建文件夹 testset1 和 testset2。

(4) 在文件夹 testset1 下，添加脚本文件 "case01.py" 和 "case06.py"。

"case01.py" 文件的代码如下：

```
import unittest
import time
class Test1(unittest.TestCase):
    def setUp(self):
        print("开始执行脚本 01")
    def tearDown(self):
        time.sleep(3)
        print("脚本 01 执行结束！")
    def test_01(self):
        print("执行第一个用例！")
    def test_02(self):
        print("执行第二个脚本！")
    def test_03(self):
        print("执行第三个脚本！")
if __name__ == "__main__":
    unittest.main()
```

"case06.py" 文件的代码如下：

```
import unittest
import time
class Test2(unittest.TestCase):
    def setUp(self):
        print("开始执行脚本 02")
    def tearDown(self):
        time.sleep(3)
        print("脚本 02 执行结束！")
    def test_04(self):
        print("执行第 4 个用例！")
    def test_05(self):
        print("执行第 5 个脚本！")
    def test_06(self):
        print("执行第 6 个脚本！")
if __name__ == "__main__":
    unittest.main()
```

（5）在文件夹 testSet2 下添加脚本文件"case05.py"和"case06.py"。

"case05.py"文件的代码如下：

```
import unittest
import time
class Test1(unittest.TestCase):
    def setUp(self):
        print("开始执行脚本 03")
    def tearDown(self):
        time.sleep(3)
        print("脚本 03 执行结束！")
    def test_07(self):
        print("执行第 7 个用例！")
    def test_08(self):
        print("执行第 8 个脚本！")
    def test_09(self):
        print("执行第 9 个脚本！")
if __name__ == "__main__":
    unittest.main()
```

"casc06.py"文件的代码如下：

```
import unittest
import time
class Test1(unittest.TestCase):
    def setUp(self):
        print("开始执行脚本 04")
    def tearDown(self):
        time.sleep(3)
        print("脚本 04 执行结束！")
    def test_10(self):
        print("执行第 10 个用例！")
    def test_11(self):
        print("执行第 11 个脚本！")
    def test_12(self):
        print("执行第 12 个脚本！")
if __name__ == "__main__":
    unittest.main()
```

最后，利用 UnitTest 的 discover 方法来实现测试脚本的批量执行。在文件夹"testsuite"下新建 Python 文件"run_cases_inbatch.py"，文件代码如下：

```
import unittest
import os
#查询测试用例路径
case_path = os.path.join(os.getcwd(),"testsuite")


def allcases():
    discover = unittest.defaultTestLoader.discover(case_path,pattern="case*.py",top_level_dir=None)
    print(discover)
    return discover

if __name__ == "__main__":
    runner = unittest.TextTestRunner()
    runner.run(allcases())
```

通过执行以上代码可以看到此次批量执行的脚本集合，discover 变量返回的字符串如下：

<unittest.suite.TestSuite tests=[<unittest.suite.TestSuite tests=[]>, <unittest.suite.TestSuite tests=[<unittest.suite.TestSuite tests=[<testset1.case01.Test1 testMethod=test_01>, <testset1.case01.Test1 testMethod=test_02>, <testset1.case01.Test1 testMethod=test_03>]>, <unittest.suite.TestSuite tests=[<unittest.suite.TestSuite tests=[<testset1.case06.Test2 testMethod=test_04>, <testset1.case06.Test2 testMethod=test_05>, <testset1.case06.Test2 testMethod=test_06>]>, <unittest.suite.TestSuite tests=[]>, <unittest.suite.TestSuite tests=[<unittest.suite.TestSuite tests=[<testset6.case06.Test1 testMethod=test_07>, <testset6.case06.Test1 testMethod=test_08>, <testset6.case06.Test1 testMethod=test_09>]>, <unittest.suite.TestSuite tests=[<unittest.suite.TestSuite tests=[<testset6.case06.Test1 testMethod=test_10>, <testset6.case06.Test1 testMethod=test_11>, <testset6.case06.Test1 testMethod=test_12>]>]>]>

项目整体结构如图 10.39 所示。

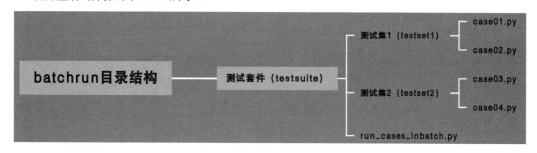

图 10.39

在批量执行测试时，只需要执行 Python 文件 "run_cases_inbatch.py" 即可，执行结果如图 10.40 所示。

```
/Library/Frameworks/Python.framework/Versions/3.7/bin/python3.7 /Users/i320418/PycharmProjects/batchrun/run_cases_inbatch.py
<unittest.suite.TestSuite tests=[<unittest.suite.TestSuite tests=[]>, <unittest.suite.TestSuite tests=[<unittest.suite.TestSuite tests=
开始执行脚本01
执行第一个用例！
脚本01执行结束！
.开始执行脚本01
执行第二个脚本！
脚本01执行结束！
开始执行脚本01
执行第三个脚本！
.脚本01执行结束！
开始执行脚本02
执行第4个用例！
.脚本02执行结束！
开始执行脚本02
执行第5个脚本！
..脚本02执行结束！
开始执行脚本02
执行第6个脚本！
.脚本02执行结束！
开始执行脚本03
执行第7个用例！
.脚本03执行结束！
开始执行脚本03
执行第8个脚本！
脚本03执行结束！
开始执行脚本03
执行第9个脚本！
.脚本03执行结束！
开始执行脚本04
执行第10个用例！
..脚本04执行结束！
开始执行脚本04
执行第11个脚本！
.脚本04执行结束！
开始执行脚本04
执行第12个脚本！
脚本04执行结束！
.
----------------------------------------------------------------------
Ran 12 tests in 36.031s

OK

Process finished with exit code 0
```

图 10.40

10.3.2 数据驱动框架的应用

DDT 是 "Data-Driven Tests" 的缩写。UnitTest 没有自带数据的驱动功能，如果在使用 UnitTest 的同时又想使用数据驱动，那么就可以使用 DDT 来完成。

使用方法如下：

（1）ddt.data，装饰测试方法，参数是一系列的值，比如元组等。元组和列表的声明与赋值比较类似，它们都是线性表。两者最大的不同在于，可以将元组看成只能读取数据不能修改数据的列表。元组缓存于 Python 运行时的环境，这就意味着每次使用元组时无须访问内涵去分配内存。

（2）ddt.file_data，装饰测试方法，参数是文件名，测试数据保存在参数文件中。文件类型可以是 JSON 或者 YAML。

有一点需要注意的是，如果文件以".yml"结尾，ddt 会作为 YAML 类型处理。其他文件都会作为 JSON 文件来处理。

（3）ddt.unpack，当 ddt 传递复杂的数据结构时使用。

下面演示一个简单的例子来说明 ddt 的用法，代码如下：

```python
import ddt
import unittest

@ddt.ddt
class test_se(unittest.TestCase):
    def setUp(self):
        pass

    @ddt.data(2,3)
    def test_01(self,tt):
        print(tt)

    def tearDown(self):
        pass

if __name__ == '__main__':
    unittest.main()
```

从代码分析中可以知道，ddt 设置的参数列表是一个元组，并且这个元组的元素有 2 和 3。单元测试结果如图 10.41 所示，从结果来看，单元测试执行了 2 个 Test Cases，即测试方法 test_01 执行了 2 次。

```
Testing started at 12:50 ...
D:\software\python37\python.exe D:\software\PyCharm\helpers\pycharm\_jb_unittest_runner.py --target test12.test_se
Launching unittests with arguments python -m unittest test12.test_se in D:\software\selenium_new\chapter12.3



Ran 2 tests in 0.000s

OK
2
3

Process finished with exit code 0
```

图 10.41

下面再举例说明 DDT 对于 JSON 文件的用法，其中 JSON 文件内容为"{"1tim": "appium11", "2tim": "selenium22", "3tim": "requests3"}"，我们可以通过 JSON 文件来管理测试数据，具体代码如下：

```python
import ddt
import unittest

@ddt.ddt
class test_se(unittest.TestCase):
    def setUp(self):
        pass

    @ddt.file_data("tt.json")  #文件 tt.json 放在当前文件夹内
    def test_01(self,tt):
        print(tt)

    def tearDown(self):
        pass

if __name__ == '__main__':
    unittest.main()
```

以上执行结果如图 10.42 所示，可以看出，JSON 文件的键值对的 value 被打印出来了。

```
Testing started at 13:11 ...
D:\software\python37\python.exe D:\software\PyCharm\helpers\pycharm\_jb_unittest_runner.py --target test121.test_se
Launching unittests with arguments python -m unittest test121.test_se in D:\software\selenium_new\chapter12.3

Ran 3 tests in 0.000s

OK
appium11
selenium22
requests3

Process finished with exit code 0
```

图 10.42

在自动化测试结束后，往往都需要查看执行结果，如何得到一份便于查看和管理的测试报告呢？这里，笔者推荐 HTMLTestRunner 应用程序，它是 Python 标准库 UnitTest 模块的一个扩展，可以生成 HTML 的测试报告，而且界面十分友好。

准备工作：

（1）下载 HTMLTestRunner.py 文件，下载地址为

"http://tungwaiyip.info/software/HTMLTestRunner.html"。

HTMLTestRunner 下载界面如图 10.43 所示。需要注意的是，这里提供的 HTMLTestRunner 是 0.8.2 的版本，它的语法是基于 Python 2 的。假如需要 Python3 版本，需要对它进行修改。网络上有修改好的基于 Python3 的 HTMLTestRunner，可以自行搜索下载。

图 10.43

（2）将 HTMLTestRunner.py 文件复制到 Python 安装路径下的 lib 文件夹中。

（3）利用在百度首页搜索关键字的案例来展现 HTMLTestRunner 的用法。

测试代码如下：

```
# encoding = utf-8
import unittest
import HTMLTestRunner
from selenium import webdriver
import time
import math

#声明一个测试类
class SuiteTest1(unittest.TestCase):    #声明一个测试类
    def setUp(self):
        #启动 Chrome 浏览器
        self.driver = webdriver.Chrome()
```

```
    def testBaidu(self):
        self.driver.get("https://www.baidu.com")
        self.driver.find_element_by_id("kw").clear()
        self.driver.find_element_by_id("kw").send_keys(u"python")
        self.driver.find_element_by_id("su").click()
        time.sleep(5)
        assert u"python" in self.driver.page_source, "页面中不存在要搜索的关键字!"

    def tearDown(self):
        self.driver.quit()


if __name__ == '__main__':
    suite = unittest.TestSuite()
    suite.addTest(SuiteTest1("testBaidu"))
#设置生成的报表 HTML 文件地址
    file_name = "D:\\test1.html"
    # fp = file(file_name,'wb')
    fp = open(file_name, 'wb')
#设置报表页面的 title 和报表总结描述内容
    runner = HTMLTestRunner.HTMLTestRunner(stream=fp, title='Test_Report_Portal', description='Report_Description')   runner.run(suite)
    fp.close()
    print("测试完成!")
```

最后,测试机器路径盘"D:\\test1.html",生成报表文件,报表内容截屏如图 10.44 所示,其中"SuiteTest1"是指单元测试脚本的类名。

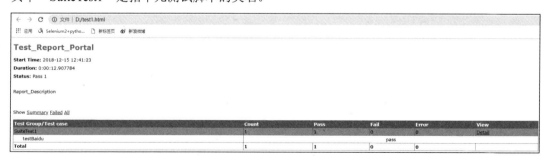

图 10.44

以上主要讲解了单元测试 UnitTest、HTMLTestRunner 和 DDT 框架的基本用法。将它们为测试所用，运用到实战中才可以体现出其价值。而此时笔者认为，是时候梳理一下本章的主要知识点了。

项目文件框架如图 10.45 所示。

图 10.45

基础函数文件 functions.py 如下：

```
from datetime import datetime,date,timedelta
from selenium import webdriver
from selenium.webdriver.common.action_chains import ActionChains
import xlrd
import logging

#通过 driver 设置和打开携程火车票网站
driver =webdriver.Chrome()
'''
函数 return_driver()的功能是返回 driver 对象
'''
def return_driver():
    return driver
'''
函数 open_base_site(url)的功能是打开携程火车票首页面
'''
def open_base_site(url):
```

```python
    #driver.get("https://trains.ctrip.com/TrainBooking/SearchTrain.aspx")
    driver = return_driver()
    driver.get(url)
'''
函数 date_n(n) 将返回 n 天后的日期
'''
def date_n(n):
    return str((date.today() + timedelta(days = +int(n))).strftime("%Y-%m-%d"))
'''
函数 id 的功能是返回按照 id 属性来定位元素的语句
'''
def id(element):
    return driver.find_element_by_id(element)

'''
函数 css 的功能是返回按照 css selector 方式来定位元素的语句
'''
def css(element):
    return driver.find_element_by_css_selector(element)
'''
函数 xpath 的功能是返回按照 xpath 方式来定位元素的语句
'''
def xpath(element):
    return driver.find_element_by_xpath(element)

'''
函数 js 的功能是通过 Selenium 来执行 JavaScript 语句
'''
def js(element):
    driver.execute_script("document.getElementById(" + "'" + element + "'" + ").removeAttribute('readonly')")

def click_blank():
    ActionChains(driver).move_by_offset(0, 0).click().perform()

#这是新添加的函数,用于处理和获取 Excel 文件中的测试数据
def read_excel(filename,index):
    xls = xlrd.open_workbook(filename)
    sheet = xls.sheet_by_index(index)
    #print(sheet.nrows)
```

```python
        #print(sheet.ncols)
        dic={}
        for j in range(sheet.ncols):

            data=[]
            for i in range(sheet.nrows):
                data.append(sheet.row_values(i)[j])
            dic[j]=data
        return dic

def log(str):
    logging.basicConfig(level=logging.INFO,
                format='%(asctime)s %(filename)s %(levelname)s %(message)s',
                datefmt='%a, %d %b %Y %H:%M:%S',
                filename='log-selenium.log',
                filemode='a')
    console = logging.StreamHandler()
    console.setLevel(logging.INFO)
    formatter = logging.Formatter('%(name)-12s: %(levelname)-8s %(message)s')
    console.setFormatter(formatter)
    logging.getLogger('').addHandler(console)
    logging.info(str)
```

业务代码文件 search_tickets.py 如下：

```python
'''
此页面的功能是测试火车票查询的页面元素。
'''
from functions import date_n,id,css,xpath,js,return_driver,open_base_site,click_blank
import time

'''
函数名: search_tickets
参数:
 from_station: 出发站
 to_station: 到达站
 n: 是一个数字，如1表示选择明天的车票，2表示选择后天的车票。
'''
def search_tickets(from_station,to_station,n):
    #driver =return_driver()
```

```python
open_base_site("https://trains.ctrip.com/TrainBooking/SearchTrain.aspx")
    #from_station = "上海"
    from_station = from_station
    #to_station = "杭州"
    to_station = to_station

    #tomorrow 变量
    tomorrow = date_n(n)

    #定位出发城市和到达城市的页面元素,设置其值为以上定义值
    id("notice01").send_keys(from_station)
    id("notice08").send_keys(to_station)

    #移除出发时间的'readonly'属性
    js("dateObj")
    time.sleep(2)
    #清除出发时间的默认内容
    id("dateObj").clear()
    time.sleep(2)
    #定义搜索车次日期
    id("dateObj").send_keys(tomorrow)

    #以下步骤是为了解决日期控件弹出窗在输入日期后无法消失的问题,以防影响测试的进行,
    #原理是为了让鼠标左键单击页面空白处

    #ActionChains(driver).move_by_offset(0,0).click().perform()
    click_blank()

    #以下为单击"车次搜索"按钮
    id("searchbtn").click()
```

测试代码文件 test_booking_tickets.py 如下:

```python
import time
import unittest
import HTMLTestRunner
from functions import date_n,id,css,xpath,js,return_driver,open_base_site
from functions import read_excel
from functions import log
from search_tickets import search_tickets

#搜索火车票列表
```

```python
#search_tickets("上海","杭州",1)
class booking_tickets(unittest.TestCase):
    def setUp(self):
        self.driver = return_driver()

    def test_ctrip_tickets(self):
        log("Read Excel Files to get test data.")
        dic1 = read_excel("testdata.xlsx",0)
        print(dic1[0][0],dic1[0][1])

        log("Begin to search tickets")
        search_tickets(dic1[0][0],dic1[0][1],1)
        log("End to search tickets")
        log("Begin to get driver object.")
        driver = return_driver()

        #在页面跳转时最好加一些时间等待的步骤，以免元素定位出现异常
        time.sleep(2)

        #通过在K1805车次的硬座区域单击"预订"按钮来预订车票
        #此处为了代码的健壮，需要用到xpath＋模拟查询来增强测试代码
        log("Click book button :)")
        xpath("//div[starts-with(@id,'tbody-01-K1805')]/div[1]/div[6]/div[1]/a").click()

        #不登录携程系统订票
        time.sleep(5)
        #增加浏览器窗口最大化的操作是为了解决脚本偶尔不稳定的问题
        driver.maximize_window()
        id("btn_nologin").click()
        time.sleep(3)

        #在订单信息页面输入乘客姓名信息
        #css("#pasglistdiv > div > ul > li:nth-child(2) > input").send_keys("小刘")
        log("input order information")
        css("#pasglistdiv > div > ul > li:nth-child(2) > input").send_keys(dic1[0][2])
    def tearDown(self):
        self.driver.quit()
```

```
if __name__ == '__main__':
    suite = unittest.TestSuite()
    suite.addTest(booking_tickets("test_ctrip_tickets"))
    file_name = "D:\\report_ctrip_tickets.html" #设置生成的报表HTML文件地址
    # fp = file(file_name,'wb')
    fp = open(file_name, 'wb')
    runner = HTMLTestRunner.HTMLTestRunner(stream=fp, title='Test_Report_Portal', description='Report_Description')  #设置报表页面的title和报表总结描述内容
    runner.run(suite)
    fp.close()
```

测试数据 Excel 文件内容如图 10.46 所示：

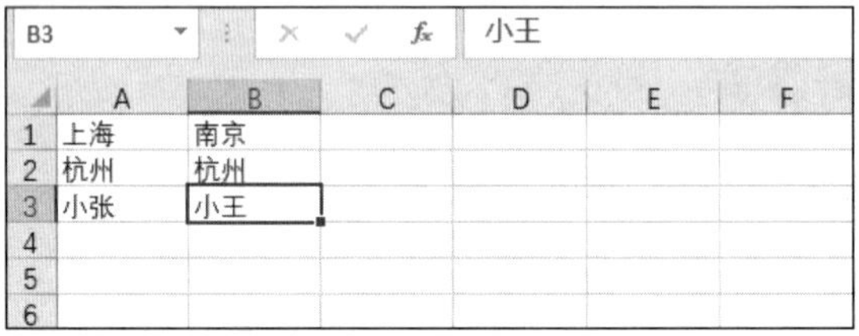

图 10.46

测试执行完成后，在 D 盘上会生成测试报告"report_ctrip_tickets.html"，具体内容如图 10.47 所示。

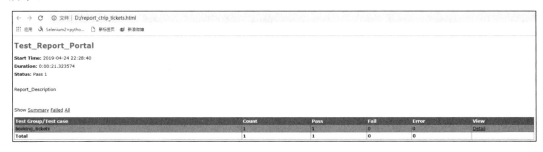

图 10.47

10.3.3 利用 DDT+Excel 实现简单的重复性测试

在实际项目中，很多时候需要重复性测试而非一次性测试，大量的重复测试才能体现出自动化测试效率和价值。

接下来，以一个小案例来演示一下"如何运用 DDT 框架结合 Excel 文件类型的测试数据来实现自动化测试"，测试场景是模拟添加用户登录。

文件结构如图 10.48 所示。

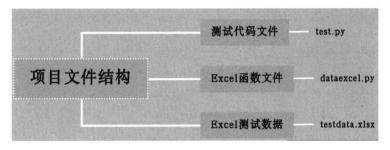

图 10.48

测试数据文件 testdata.xlsx 的内容如图 10.49 所示。

A	B	C	D
username	passwd		
tim1	TimTest		
tim2	TimTest		
tim3	TimTest		

图 10.49

Excel 函数文件 dataexcel.py 内容如下，作用是提取测试数据并返回一个列表，而每个列表元素是一个字典对象。

```
#coding=utf-8
import xlrd
# excel 值封装，返回就是一个字典
#参数命名需要修改一下
# demo 数据返回[{'username': 'tim1', 'passwd': 'TimTest'}, {'username':
'tim2', 'passwd': 'TimTest'}, {'username': 'tim3', 'passwd': 'TimTest'}]

def get_data(filename, sheetnum):
    path = 'testdata.xlsx'
    book_data = xlrd.open_workbook(path)
    book_sheet = book_data.sheet_by_index(1)   # 打开文件中的第一个表
    rows_num = book_sheet.nrows  # 行数
    rows0 = book_sheet.row_values(0)  # 第一行的各个名称作为字典的键
    rows0_num = len(rows0)  # 列数
```

```python
        list = []

    for i in range(1, rows_num):
        rows_data = book_sheet.row_values(i)   # 取每一行的值作为列表
        rows_dir = {}
        for y in range(0, rows0_num):   # 将每一列的值与每一行对应起来
            rows_dir[rows0[y]] = rows_data[y]
        list.append(rows_dir)
    return list


if __name__ == '__main__':
    print(get_data('', 1))
```

测试代码文件 test.py 的内容如下所示,通过这个脚本来实现循环测试,比较用户名字段与密码字段对应的字符串是否相同。如果不同,则测试失败,直到所有测试数据循环结束。

```python
#coding=utf-8
from ddt import ddt ,data,file_data,unpack
from dataexcel import get_data
import unittest
from selenium import webdriver

excel=get_data('', 1)
@ddt
class test_se(unittest.TestCase):

    def setUp(self):
        self.driver = webdriver.Chrome()
        self.driver.get('https://passport.ctrip.com/user/login?')
#对字典进行操作
    @data(*excel)
    def test_01(self,dic):
        self.driver.find_element_by_id('nloginname').send_keys(dic.get('username'))
        self.driver.find_element_by_id('npwd').send_keys(dic.get('passwd'))
        print(dic)

        self.assertEqual(dic.get('username'),dic.get('passwd'))

    def tearDown(self):
        pass
```

```
if __name__ == '__main__':
    unittest.main()
```

在命令行窗口，切换到脚本所在的目录并执行代码，命令为“python test.py”，执行结果如图 10.50 所示。

```
DevTools listening on ws://127.0.0.1:12177/devtools/browser/1dccb532-48ee-464d-83cd-f26118a6d68c
{'username': 'tim1', 'passwd': 'TimTest'}
F
DevTools listening on ws://127.0.0.1:12214/devtools/browser/ecb38867-cd70-414a-82f4-8322b2a9a6f7
{'username': 'tim2', 'passwd': 'TimTest'}
F
DevTools listening on ws://127.0.0.1:12252/devtools/browser/80f9b8d0-281b-4116-b5a7-aba8e4327030
{'username': 'tim3', 'passwd': 'TimTest'}
F
======================================================================
FAIL: test_01_1 (__main__.test_se)
dict() -> new empty dictionary
----------------------------------------------------------------------
Traceback (most recent call last):
  File "D:\software\python37\lib\site-packages\ddt.py", line 145, in wrapper
    return func(self, *args, **kwargs)
  File "test.py", line 21, in test_01
    self.assertEqual(dic.get('username'),dic.get('passwd'))
AssertionError: 'tim1' != 'TimTest'
- tim1
+ TimTest


======================================================================
FAIL: test_01_2 (__main__.test_se)
dict() -> new empty dictionary
----------------------------------------------------------------------
Traceback (most recent call last):
  File "D:\software\python37\lib\site-packages\ddt.py", line 145, in wrapper
    return func(self, *args, **kwargs)
  File "test.py", line 21, in test_01
    self.assertEqual(dic.get('username'),dic.get('passwd'))
AssertionError: 'tim2' != 'TimTest'
- tim2
+ TimTest


======================================================================
FAIL: test_01_3 (__main__.test_se)
dict() -> new empty dictionary
----------------------------------------------------------------------
Traceback (most recent call last):
  File "D:\software\python37\lib\site-packages\ddt.py", line 145, in wrapper
    return func(self, *args, **kwargs)
  File "test.py", line 21, in test_01
    self.assertEqual(dic.get('username'),dic.get('passwd'))
AssertionError: 'tim3' != 'TimTest'
- tim3
+ TimTest


----------------------------------------------------------------------
Ran 3 tests in 20.520s

FAILED (failures=3)
```

图 10.50

从图 10.51 可以看出，三次测试方法的执行都是失败的，因为期望值与实际值是不相等的。

第 11 章 Page Object 设计模式

11.1 什么是 PO

PO 是 Page Object 的缩写，中文翻译为"页面对象模式"。它是一种设计模式，其目的是为 Web UI 测试创建对象库。在这种模式下，应用涉及的每一个页面应该定义为一个单独的类。类中应该包含此页面上的页面元素对象和处理这些元素对象所需要的方法等。方法的命名也有一定的规则，比如方法命名要能清楚、正确地表明此方法的作用或者行为。

举个例子，我们要定义一个方法，目的是回到应用首页，那么就可以把它命名为"getHomePage()"，这样通过方法的名字就可以很清楚地知道方法的具体功能。

PO 的优点如下：

（1）PO 提供了页面元素操作和业务流程相分离的模式，可以使测试的代码结构比之前清晰，可读性强。

（2）更方便地复用对象和方法。

（3）对象库是独立于测试用例的、统一的对象库，可以通过集成不同的工具类来达到不同的测试目的。比如集成 UnitTest 可以用来做单元测试自动化/功能测试；同时也可以集成 JBehave/Cucumber 等来做验收测试。

（4）使得整体自动化测试的优化变得更容易一些，如果有某个页面的元素需要变更，那么就可以直接更改封装好的页面元素类即可，而不用更改调用它的其他测试类/代码。这样整个的代码维护成本也会缩减。

PO 的核心就是分层的思想，把同属于一个页面的元素都放在一个页面类中。比如，对于登录页面，可以用三种不同的类来体现这种分层的思想，达到 PO 的目的。即我们以页面为单位，将某一个页面中的元素控件等全部提炼出来并封装成相应的方法，形成一个个可以被调用的对象。

11.2　PO 实战

在 11.1 节已经简单地介绍了 PO，大家对于 PO 模式的原理和特性也有了基本的了解。但是笔者觉得，如果要真正掌握 PO 的精髓，至少还需要掌握两点：一是对被测系统要有充分的认识，特别对需要纳入自动化测试的场景或者功能点等要有一个清晰的判断和划分；二是需要实战，实践是检验真理的唯一标准，实战才能体现出真正的自动化的意义。

本节选择第 10 章的项目实战的案例，笔者将一步一步地顺着项目的脉络带大家循序渐进地熟悉 PO 的思想和进一步重构代码的过程，把自动化测试代码的重构和优化推向极致。

PO 项目的框架结构图，如图 11.1 所示，在图表上可以清晰地看到分层，每层的具体功能会在本章后面进行详细讲解。

图 11.1 是对 PO 项目总体框架的介绍，其中的核心层就是 PO 层，围绕着 PO 层，又新增了其他层级的实现。这样对于自动化测试会越来越清晰，也会降低后期维护的成本，进而提高自动化的程度。

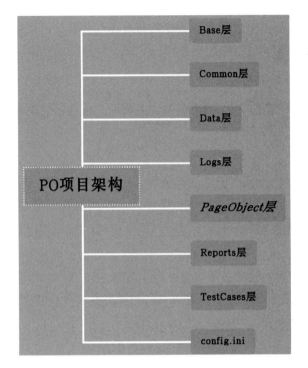

图 11.1

Base 层主要定义了项目需要的基础方法，特别是一些基础操作，如元素 click 操作、send keys 操作，调用 JavaScript 脚本的方法和其他一些与基本浏览器相关的操作。

Base 层的一些函数调用了 Common 层的模块函数，需要先了解其 Common 层代码结构。

11.2.1 Common 层代码分析

Common 层主要包含处理 Excel 文件的方法，获取项目路径、测试系统 URL 的信息和框架执行相关日志功能的实现方法。接下来，将对具体实现细节和重要的知识点进行讲解。

（1）获取项目路径、测试系统 URL 方法，文件名为 "function.py"，源码如下：

```
import os,configparser
#获取项目路径
def project_path():
    return os.path.split(os.path.realpath(__file__))[0].split('C')[0]
#返回config.ini 文件中 testUrl
```

```python
def config_url():
    config = configparser.ConfigParser()
    config.read(project_path() + "config.ini")
    return  config.get('testUrl', 'url')

if __name__ == '__main__':
    print("项目路径为："+project_path())
    print("被测系统URL为："+config_url())
```

该部分代码运用了 os 和 configparse 两个 Python 模块，其中 os 模块主要功能是获取操作系统级别的目录/文件夹的操作和文件的操作（读取，写入等）；而 configparse 模块在 Python 中的主要功能是读取配置文件。方法 project_path 的功能是获取项目的当前目录。这里也涉及 Python 方法的命名规范，通常 method_name 都是小写，如果需要多个词汇组合就用下画线 "_" 连接。而方法 config_url 的功能是获取被测系统的网址信息，其中涉及自动化项目的配置文件"config.ini"，其内容结构如图 11.2 所示，其中 URL 值即是项目中被测系统的网址（携程网火车票网址）。

图 11.2

以上"function.py"脚本执行结果如图 11.3 所示，测试代码在代码文件中，结果证明函数功能运行正常。

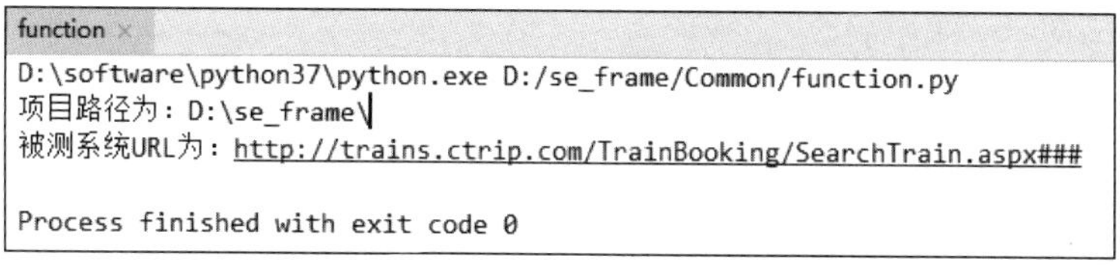

图 11.3

（2）创建日志类，便于在项目中添加日志信息，文件名为"log.py"。其主要函数为 log，作用是返回一个 logger 对象，而项目测试代码在使用的时候，可以直接调用其返回对象，使用者只需要关注日志的具体内容即可，不需要清楚日志的内部实现。其中比较重要的几点是，需要设置日志文件的文件名命名方式；日志文件存放路径的设置；日志输出内容格式的设定，此步骤会设定日志内容的格式和布局等信息，是日志功能的核心，具体参见如下源码：

```python
import logging,time
from Common.function import  project_path
class FrameLog():
    def __init__(self, logger=None):

        # 创建一个logger
        self.logger = logging.getLogger(logger)
        self.logger.setLevel(logging.DEBUG)
        # 创建一个handler，用于写入日志文件
        self.log_time = time.strftime("%Y_%m_%d_")
        #路径需要修改
        self.log_path = project_path() + "/Logs/"
        self.log_name = self.log_path + self.log_time + 'log.log'
        print(self.log_name)
        fh = logging.FileHandler(self.log_name, 'a', encoding='utf-8')
        fh.setLevel(logging.INFO)

        # 定义handler的输出格式
        formatter = logging.Formatter('[%(asctime)s    %(filename)s->%(funcName)s line:%(lineno)d [%(levelname)s]%(message)s')
        fh.setFormatter(formatter)
        self.logger.addHandler(fh)

        #在记录日志后移除句柄

        self.logger.removeHandler(fh)
        # 关闭打开的文件
        fh.close()

    def log(self):
        return self.logger
if __name__ == '__main__':
    lo = FrameLog()
    log = lo.log()
    log.error("error")
    log.debug("debug")
    log.info("info")
    log.critical("严重")
```

测试结果如图11.4所示。

从测试结果来看，日志写在了项目主目录的"/Logs/2019_05_02_log.log"下，如图 11.5 所示。

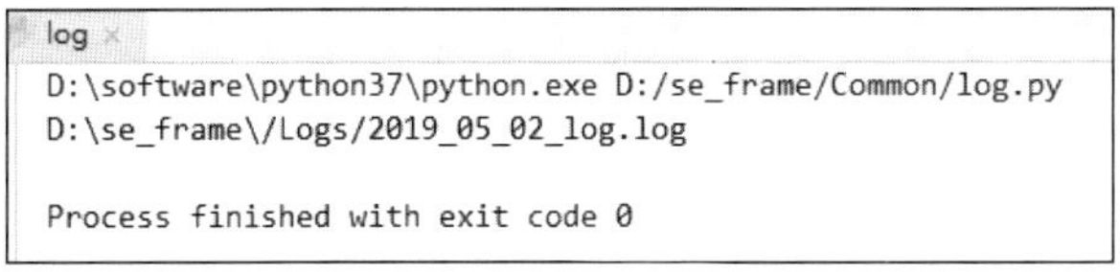

图 11.4　　　　　　　　　　　　　　　图 11.5

日志文件内容如图 11.6 所示。

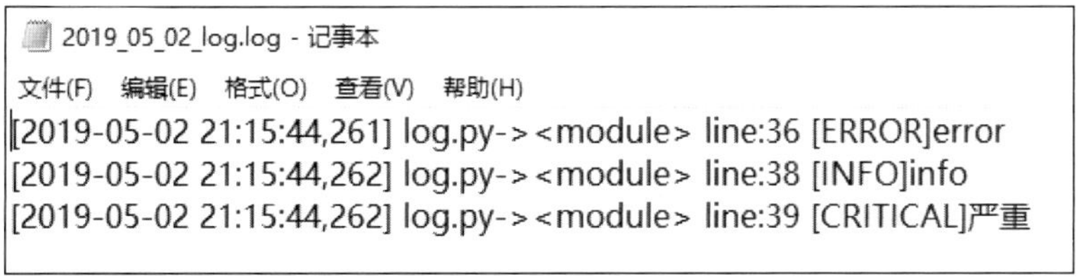

图 11.6

（3）处理测试数据文件（Excel），代码文件名为"excel_data.py"。源码如下：

```
import xlrd,os
#读excel操作，所有数据存放在字典中
#filename 为文件名
#index 为excel sheet 工作簿索引
def read_excel(filename,index):
    xls = xlrd.open_workbook(filename)
    sheet = xls.sheet_by_index(index)
    print(sheet.nrows)
    print(sheet.ncols)
    dic={}
    for j in range(sheet.ncols):
```

```
            data=[]
            for i in range(sheet.nrows):
                data.append(sheet.row_values(i)[j])
            dic[j]=data
        return dic

    if __name__ == '__main__':
        #读取Excel操作, 返回字典
        data
=read_excel(os.path.split(os.path.realpath(__file__))[0].split('C')[0]+"Data
\\testdata.xlsx", 0)
        print(data)
        print(data.get(1))
```

在上面这段代码中，主要方法为 read_excel，即读取存储在 Excel 文件中的测试数据进行自动化测试，方法最后返回字典对象。如果读者觉得还是不方便，也可以继续对字典对象进行处理。

读取方法调用了 Python xlrd 代码模块，如果要使用此模块，需要安装 xlrd，其安装步骤在 10.1.3 节中已有介绍，这里不再赘述。在项目中用到的测试数据如图 11.7 所示。

A	B	C
出发地	杭州	南京
到达地	上海	杭州
出发日期	2019-05-10	2019-05-10
坐席	Kxx	Dxx
车次	K526	Dxx
姓名	小李	小张
id	3111xxx	2111xxx

图 11.7

以上测试代码 "print(data)" 返回的是字典对象，字典对象的细节为 "{0: ['出发地', '到达地', '出发日期', '坐席', '车次', '姓名', 'id'], 1: ['杭州', '上海', '2019-05-10', 'Kxx', 'K526', '小李', '3111xxx'], 2: ['南京', '杭州', '2019-05-10', 'Dxx', 'Dxx', '小张', '2111xxx']}"；测试代码 "print(data.get(1))" 返回的是列表对象，细节为 "['杭州', '上海', '2019-05-10', 'Kxx', 'K526', '小李', '3111xxx']"。

11.2.2 Base 层代码分析

Base 层代码在项目中涉及底层操作，如对 click、send_keys 及 clear 等事件的封装，可以提高代码的复用性。文件名为 "base.py"，主要包含定位元素方法 findele，方法 findele 返回的结

果是元素定位的语句,该函数用参数*args 可以接收任意多个非关键字参数,参数的类型是元组。代码如下:

```python
from Common.log import FrameLog
from selenium import webdriver
#对base 代码进行优化、增加
class Base():
    def __init__(self,driver):
        self.driver = driver
        self.log =FrameLog().log()

    # 单星号参数代表此处接收任意多个非关键字参数
    def findele(self,*args):
        try:
            print(args)
            self.log.info("通过"+args[0]+"定位,元素是"+args[1])
            return  self.driver.find_element(*args)
        except:
            #在页面上没有定位到相应的元素
            self.log.error("定位元素失败! ")
    #对元素click
    def click(self,args):
        self.findele(args).click()
    #输入值
    def sendkey(self,args,value):
        self.findele(args).send_keys(value)
    #调用js方法
    def js(self,str):
        self.driver.execute_script(str)

    def url(self):
        return  self.driver.current_url

    # 后退
    def back(self):
        self.driver.back()
    #前进
    def forword(self):
        self.driver.forward()
    #退出
    def quit(self):
        self.driver.quit()
```

此外 Base 层还包含另外一个文件（base_unit.py），其目的是抽离单元测试中的 setUp 和 tearDown 方法，源码如下：

```
#conding:uft-8
import unittest
from Common.function import config_url
from selenium import webdriver
#抽离单元测试中的setUp与tearDown
class UnitBase(unittest.TestCase):
    @classmethod
    def setUpClass(cls):
        cls.driver = webdriver.Chrome()
        cls.driver.get(config_url())
        cls.driver.maximize_window()

    def tearDownClass(cls):
        cls.driver.quit()
```

11.2.3　PageObject 层代码分析

这里是 PO 的核心层。该层不但涉及代码技术，还涉及对项目业务的分析，进而对相关的页面进行分析。在业务分析方面，首先，分析要进行 PO 的页面；其次，对在每个范围内的页面进行细节分析（如自动化需要用到的元素和相关的操作方法及页面之间的关联情况等）。

在本书中，笔者将继续使用第 10 章的案例作为 PO 实战案例。案例的主要测试场景包含火车票搜索页面、车次订购页面和订单信息页面等。通过项目分析，需要关注在携程网购买火车票的如下三个页面即可：

（1）搜索火车票页面。

（2）预订火车票页面。

（3）订单页面。

1．搜索火车票页面

在搜索火车票页面，主要涉及如下页面元素：

（1）出发城市（输入框），如图 11.8 第 1 处标记所示。

第 11 章 Page Object 设计模式

（2）到达城市（输入框），如图 11.8 第 2 处标记所示。

（3）出发日期（输入框），如图 11.8 第 3 处标记所示。

（4）开始搜索（按钮），如图 11.8 第 4 处标记所示。

（5）搜索类别（分为单程、往返和中转三种类型，如图 11.8 所示第 5 处标记），在项目中以单程票类型为例做演示。

以上 5 个元素，定义了搜索火车票的方法 search_train，根据出发城市、到达城市和出发时间参数实现搜索车次信息的功能。

图 11.8

搜索火车票页面的代码（文件名为"search_page.py"）如下：

```
from Base.base import Base
from selenium.webdriver.common.by import By
import time
class SearchPage(Base):
    def search_leave(self):
        return self.findele(By.ID,"notice01")
    #八大定位
    def search_arrive(self):
        return self.findele(By.ID,"notice08")

    def search_date(self):
        return self.findele(By.ID,"dateObj")
```

```python
    def search_btn(self):
        return self.findele(By.ID,"searchbtn")

    def search_current(self):
        return self.findele(By.CSS_SELECTOR,"#searchtype > li.current")

    def search_js(self,value):
        jsvalue = "document.getElementById('dateObj').value='%s'" % (value)
        self.js(jsvalue)

    def search_train(self, leave, arrive, leave_date):
        self.search_leave().send_keys(leave)
        time.sleep(2)
        self.search_arrive().send_keys(arrive)
        self.search_js(leave_date)
        self.search_current().click()
        self.search_btn().click()
        time.sleep(4)
        return self.url()
```

根据以上代码分析，类 SearchPage 继承了 Base 类。此外它还定义了页面基础的操作，比如方法 search_leave 的功能是返回出发城市的元素定位语句，它继承调用了 Base 类下面的 findele 方法，而此方法的传入参数分别为 By.ID 和 "notice01"。By.ID 是属于 from selenium.webdriver.common.by 模块下的应用，其返回字符串 "id" 作为方法 search_leave 的第 1 个参数，是为了指明此元素的定位方式是通过元素 id 属性进行的。方法的第 2 个参数是传入的字符串"notice01"，它表明元素 id 的属性值为"notice01"。其他元素定位的相关方法 search_arrive、search_date、search_btn 及 search_current，与方法 search_leave 类似，这里不再展开。

创建方法 search_js 是为了执行 JavaScript 代码，创建 jsvalue 是为了得到完整的 JavaScript 代码，第 2 行代码通过调用 Base 父类中的 js 方法来执行第 1 行代码得到的 JavaScript 代码。

创建 search_train 方法是为了根据出发城市、到达城市和出发日期等参数来搜索火车车次信息，最后返回当前的 URL 信息。

2. 预订火车票页面

预订火车票页面，主要涉及以下页面元素：

第 11 章 Page Object 设计模式

（1）预订车票按钮（超链接<a>）。

（2）动车复选框（HTML dd 标签）。

（3）关闭浮层窗口。

（4）非登录订票超链接。

以上为预订火车票页面所涉及的元素，具体如图 11.9 所示，如箭头所示，上面标注了前 2 种页面元素；第 3 种页面元素如图 11.10 所示，作用是关闭广告浮层；第 4 种页面元素如图 11.11 所示，页面方法的功能是订购火车票，方法名为 book_btn，方法执行完会返回当前浏览器的 URL。

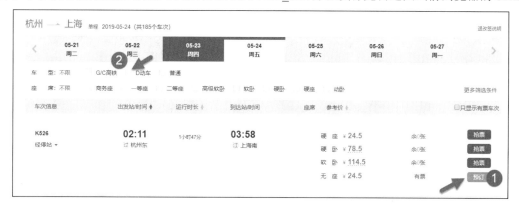

图 11.9

图 11.10

图 11.11

页面文件名为 "book_page.py"，其源码如下：

```python
from Base.base import Base
from selenium.webdriver.common.by import By
import time
class BookPage(Base):
    #预订车票
    def book(self):
        return self.findele(By.XPATH,"//*[@id='tbody-01-K5260']/div[1]/div[6]/div[4]/a")

    #动车
    def book_typeD(self):
        return self.findele(By.CSS_SELECTOR,"#resultFilters01 > dl:nth-child(1) > dd.current > label > i")
    # 关闭浮层
    def book_close(self):
        return self.findele(By.CSS_SELECTOR,"#appd_wrap_close")

    def book_nologin(self):
        return self.findele(By.CSS_SELECTOR,"#btn_nologin")
```

```
    def book_btn(self):
        try:
            time.sleep(7)
            self.book_close().click()
            time.sleep(2)
            self.book().click()
            time.sleep(2)
            self.book_nologin().click()

        except:
            self.log.error("车次查询失败")
            None
        return self.url()
```

下面对上述代码进行分析，页面类 BookPage 继承了基础类 Base。方法 book 的作用是返回订购 K526 次列车无座车位的预订按钮的定位语句（用到了 XPath 定位方式），如图 11.9 所示，使用了 Base 类中的 findele 方法，这里不再赘述。方法 book_close 的作用是返回广告浮层的关闭按钮的定位语句，在测试的时候需要关闭广告浮层，便于进行元素的定位和自动化测试的顺利进行。方法 book_nologin 的作用是返回"不登录，直接预订"超链接的元素定位语句。

方法 book_btn 用来实现订购火车票，它调用了 book_close、book()及 book_nologin 方法，而且用到了 try 语句，这样能更好地对火车票查询结果进行管理。如果查询失败，会打印日志"车次查询失败"，并返回当前浏览器的 URL。

3. 订单页面

车票预订成功后，会跳转到订单页面，此页面以"乘客姓名信息"文本框为例。

页面文件名为"order_page.py"，代码如下：

```python
from Base.base import Base
from selenium.webdriver.common.by import By
import time
class OrderPage(Base):
    #预订车票
    def detail_name(self):
        return  self.findele(By.CSS_SELECTOR,"#pasglistdiv > div > ul > li:nth-child(2) > input")

    def user_info(self, name):
```

```
            time.sleep(5)
            self.detail_name().send_keys(name)
            return self.dr_url()
```

代码分析，OrderPage 类继承了 Base 类，方法 detail_name 用来返回乘客信息框对象；方法 user_info 用来实现输入乘客姓名。

11.2.4 TestCases 层代码分析

TestCases 层的作用是管理测试用例和执行测试，相当于测试的总入口。在项目中，可以将测试管理的代码和测试用例的相关代码都维护在这里。

如上所述，这里首先了解一下测试总入口文件的代码，代码文件名为"suite.py"，源码如下：

```
#coding=utf-8
import unittest
import HTMLTestRunner
import time
from Common.function import project_path

if __name__ == '__main__':
    test_dir= project_path() + "TestCases"
    tests=unittest.defaultTestLoader.discover(test_dir,
                                        pattern ='test*.py',
                                        top_level_dir=None)
    now = time.strftime("%Y-%m-%d-%H_%M_%S",time.localtime(time.time()))
    filepath= project_path() + "/Reports/" + now + '.html'
    fp=open(filepath,'wb')
    #定义测试报告的标题与描述
    runner = HTMLTestRunner.HTMLTestRunner(stream=fp,title=u'自动化测试报告',description=u'测试报告')
    runner.run(tests)
    fp.close()
```

代码分析：在测试管理过程中，用到了 HTMLTestRunner 模块，该模块其实是 Python UnitTest 模块功能的一个扩展。为了更加方便地生成测试报告，通常需要和单元测试 UnitTest 模块结合在一起使用。

首先，在代码中定义了项目测试用例（测试代码）的存放地址，即项目主目录下的"TestCase"文件夹。然后，定义了测试用例规则，在规则中定义了测试目录、测试文件的模式等。最后，定义了测试报告的文件路径和文件名等规则，测试报告存放地址为项目主目录下的"Reports"文件夹。

11.2.5　Data 层分析

在项目中 Data 目录是测试数据的存放地址，在这里可以维护测试数据，比如本项目中的测试数据文件"testdata.xlsx"等，这样分层存放是为了让项目的可维护性强、整体的条理性强。测试数据有时是自动化测试的驱动因素，因此对 Data 层的管理和维护就显得特别重要。从笔者的经验出发，Data 层通常有以下几点需要注意：

（1）测试数据和测试用例分离不是一直都是高效的，不能为了分离而分离，这样反而得不偿失。如有些测试用例所用的测试数据很少，并且这些数据有极少的概率会被其他测试用例用到，这种情况就不需要大费周章地将数据与用例分离。

（2）数据文件类型的选型。在本书中关于数据的存储，笔者使用的是 Excel。但是这不一定是最佳的方式，也不一定适用于每一种测试场景。读者要根据项目实际需要进行灵活的运用，笔者在第 10 章也讲解了不同的文件类型的使用。举例来说明这种观点：在测试场景中有时需要测试上传功能，在测试数据中需要定义清楚数据字段等头部信息且上传文件信息又比较大（如 10 万行数据），此时用 CSV 就比 Excel 的优势明显。分析原因，CSV 保存的是文本文件，而 Excel 保存的是二进制文件，在软件的可操作性或者易用性来说，Excel 优势比不上 CSV；在大数据量的场景下，对 Excel 的处理没有 CSV 处理得高效。

（3）数据维护要有条理性。关联性比较强的测试用例的测试数据最好放在一起，便于维护。如存放在一个 Excel 文件的不同 Sheet 页或一个文本文档的不同列中。

11.2.6　Logs 层分析

Logs 层主要存放在项目运行过程中产生的日志文件中。日志文件记录了在每次测试执行过程中的详细信息，便于分析定位测试过程中的异常。框架的日志在一定程度上反映了框架是否运行在正确的轨道上。关于日志层面的维护，笔者的一些建议如下：

（1）日志级别或者频度要设置合理。在测试用例中，需要对打印日志操作进行筛选，对于一些重要的点最好打印日志。

（2）在框架中笔者建议添加一些系统级别的日志。如对系统资源进行监控的日志，便于一些非框架问题的定位。笔者曾经遇到过由磁盘空间问题导致的框架异常。

（3）日志的管理。如日志的清理，是需要考虑的问题。

11.2.7　Reports 层分析

Reports 层主要存放在项目执行过程中产生的测试报告文件，测试报告是对测试结果的总结。Reports 层的报表可能不只是一个测试报告文件那么简单，需要探究报告上所呈现内容的准确性、完整性和持续性是否有问题。后续报表功能的迭代不能影响之前的测试结果或报告。

如果自动化测试项目的周期比较长，可能需要对测试结果进行数据存储，如存储在 Mongo DB 或者 MySQL 数据库等。

11.2.8　其他分析

除以上各层外，在项目主目录下还需要维护一个配置文件（文件名：config.ini），该文件是整个项目配置项需要用到的，该文件在本章的 Common 层已经做过介绍。后续如果还有其他项目需要添加，直接在该文件中进行维护即可。

11.2.9　PO 项目执行

通过以上对 PO 项目的介绍，相信读者朋友已经对此 PO 项目有了大致的了解。现在需要把项目跑起来，然后查看测试报告和日志等是否达到了预期。

执行时，需要执行 TestCases 下的 suite.py，关于这一点在 11.2.4 节中对 suite.py 已经做过简单的介绍。suite.py 是该项目的入口，我们需要对 suite.py 了解，下面来看一下它的源码：

```
# _*_ coding:utf-8 _*_
import unittest
import HTMLTestRunner
import time
from Common.function import project_path
```

```python
if __name__ == '__main__':
    test_dir= project_path() + "TestCases"
    tests=unittest.defaultTestLoader.discover(test_dir,
                                        pattern ='Train*.py',
                                        top_level_dir=None)
    now = time.strftime("%Y-%m-%d-%H_%M_%S",time.localtime(time.time()))
    filepath= project_path() + "/Reports/" + now + '.html'
    fp=open(filepath,'wb')
    #定义测试报告的标题与描述
    runner = HTMLTestRunner.HTMLTestRunner(stream=fp,title=u'自动化测试报告',description=u'测试报告')
    runner.run(tests)
    fp.close()
```

通过以上源码分析发现，此次执行测试的测试用例脚本是以"Train"开头的.py 文件，测试报告存放在项目默认的路径"xx/Reports"下。

为简单起见，这里只写一个测试文件"TrainTest.py"。测试代码如下：

```python
#_*_coding:utf-8_*_
import os,sys
sys.path.append(os.path.split(os.getcwd())[0])
import  time,unittest,HTMLTestRunner
from PageObject.book_page import BookPage
from PageObject.order_page import OrderPage
from PageObject.search_page import SearchPage
from Common.excel_data import read_excel
from Common.function import config_url
from selenium import  webdriver
from Common.function import  project_path

class logingTest(unittest.TestCase):
    @classmethod
    def setUpClass(cls):
        cls.data = read_excel(project_path() + "Data/testdata.xlsx", 0)
        cls.driver = webdriver.Chrome()
        cls.driver.get(config_url())
        cls.driver.maximize_window()

    def test_02(self):
```

```python
            self.driver.get("http://trains.ctrip.com/TrainBooking/SearchTrain.aspx###")
            search = SearchPage(self.driver)
            res =search.search_train(self.data.get(1)[0], self.data.get(1)[1], self.data.get(1)[2])
            #本例断言是根据当前页面的URL来判断的
            self.assertIn('TrainBooking',res)

        def test_03(self):
            book = BookPage(self.driver)
            res=book.book_btn()
    #断言取当前页面的URL是否包含"InputPassengers"
            self.assertIn("InputPassengers",res)

        def test_04(self):
            order = OrderPage(self.driver)
            res = order.user_info("小王")
      self.assertIn("RealTimePay",res)

        @classmethod
        def tearDownClass(cls):
            cls.driver.quit()

if __name__ == '__main__':
    suiteTest = unittest.TestSuite()
    suiteTest.addTest(logingTest("test_02"))
    suiteTest.addTest(logingTest("test_03"))
    suiteTest.addTest(logingTest("test_04"))
    filepath = "C:\\re.html"
    fp = open(filepath, 'wb')
    runner = HTMLTestRunner.HTMLTestRunner(stream=fp, title='自动化测试报告', description="测试报告")
    runner.run(suiteTest)
    fp.close()
```

对测试代码进行简单的分析，本测试用例包含了 3 个测试方法 test_02、test_03 和 test_04。测试结果文件如图 11.12 所示，而测试报告的内容如图 11.13 所示，测试脚本运行通过。假若测试脚本没有通过，可以在报告中或者测试日志中寻找错误的详细信息，帮助我们分析问题。

查看
的电脑 › DATA1 (D:) › se_frame › Reports
名称
修改日期
类型
大小
__init__.py
2019/4/27 14:54
Python File
0 KB
2019-05-03-21_45_13.html
2019/5/3 21:45
Chrome HTML D...
8 KB

图 11.12

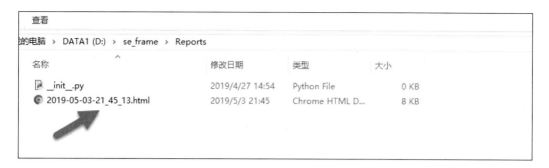

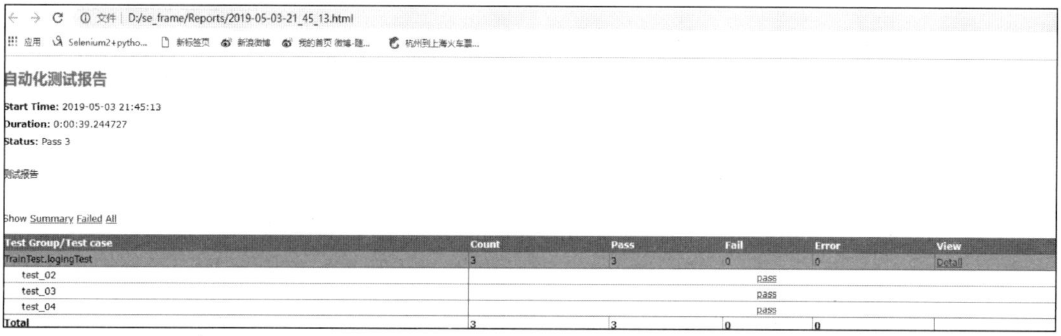

D:/se_frame/Reports/2019-05-03-21_45_13.html
自动化测试报告
Start Time: 2019-05-03 21:45:13
Duration: 0:00:39.244727
Status: Pass 3
测试报告
Show Summary Failed All
Test Group/Test case
Count
Pass
Fail
Error
View
TrainTest.logingTest
Detail
test_02
test_03
test_04
pass
Total

图 11.13

第 12 章 行为驱动测试

行为驱动的概念（Behavior-Drivern Development，简称 BDD）在国内测试领域还不怎么流行，应用面也不是特别广泛。在行为驱动中运用结构化的自然语言描述测试场景，然后将这些结构化的自然语言转化为可执行的测试脚本或者其他形式。BDD 的一种优势是，它建立了一种"通用语言"，而这种通用语言可以同时被客户和开发者拿来使用，因此建立在同一种语言之后的沟通就会避免很多不一致的问题。对于自动化测试人员来说，掌握了 BDD 之后，可以试着利用它去提升测试团队的自动化测试程度，因为 BDD 不会去关注程序相关函数等对象的细节，而只关注其功能点，所以可以减轻回归测试任务的压力。从本章开始，笔者将介绍行为驱动，从环境准备开始到实例演示逐步深入。

12.1 环境安装

兵马未动，粮草先行。需要把 BDD 的环境准备好。需要安装模块 behave，安装步骤和在

Python 环境中安装其他模块的方式一样,可以执行命令"pip install behave"。安装好之后可以通过执行命令"pip list"来查看 behave 是否在已安装列表中。

12.2 行为驱动之小试牛刀

小试牛刀的目的是,先根据一个小案例来了解行为驱动的运行模式及简单的应用规则。此案例是官方给出的一个例子。笔者画了一个项目目录结构图以方便读者对案例整体进行了解及把握。具体如图 12.1 所示。

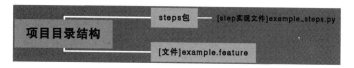

图 12.1

在开始了解具体 BDD 案例代码之前,可以先熟悉一下 BDD 的一些关键字。具体如下:

(1)Given,表示"假设",可以在此处设置一些前置条件之类,如在 BDD 之前,假设 behave 模块已经安装,等等。也可以理解成用户或者外部系统等对应用在进行交互(操作)前,需要将系统置于一个已知状态(如系统已安装 behave 模块等)。

(2)When 表示"当",从字面意思上理解是对条件进行判断的意思。此时或者当某种条件满足时,用户或外部系统所采取的与被测系统的交互步骤。交互步骤能改变系统的状态(与系统真实地产生了交互)。

(3)And 表示"和",是和 When 关键字搭配使用的。

(4)Then 表示"那么",待观察的结果或者期望结果。

通过以上对 behave 的 Scenario(场景)中关键字的描述,可能让读者产生和自然语言很像的感觉。这样的场景描述可读性较强。具体的场景描述文字如图 12.2 所示,文件名为"example.feature"。

第一步,场景描述,其功能点(Feature)表示此脚本用于展示 behave 的用法;场景目的是"Run a simple test";假设为"we have behave installed";如果"we implement 5 tests",那么"behave will test them for us!"。通过以上对场景中用到的关键字的解释,以及对具体场景的分析,相信读者们对这种描述测试场景的方式已经比较熟悉了。

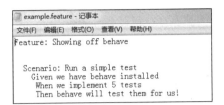

图 12.2

第二步，对以上类似自然语言一样的场景描述进行代码的编写，让其转换成可以运行的基于行为驱动的测试脚本。文件名为"example_steps.py"，其位置在 steps 包下。代码中的函数通过 assert 语句进行断言，其中有一点需要注意的是，里面用到了参数 context。context 是全局变量，它可以被程序中的所有对象或者函数调用，在行为驱动中有承上启下的作用。此外，需要导入 behave 模块中的 given、when、then、step 等功能。

```
#coding=utf-8
from behave import given, when, then, step
@given('we have behave installed')
def step_impl(context):
    pass
# 数字类型 number 将转换成整数类型
#以下函数的功能是获取在场景文件中设置的数字 5，然后做出判断等操作
@when('we implement {number:d} tests')
def step_impl(context, number):
    assert number > 1 or number == 0
    context.tests_count = number
@then('behave will test them for us!')
def step_impl(context):
    assert context.failed is False
    assert context.tests_count >= 0
```

第三步，执行脚本。首先，在命令行模式下切换到项目主目录下；然后，执行命令"behave"即可；最后，查看执行结果，如图 12.3 所示。在测试结果中发现，1 个功能通过，1 个场景通过，3 个步骤测试通过。

```
Feature: Showing off behave # example.feature:1

  Scenario: Run a simple test           # example.feature:4
    Given we have behave installed      # steps/example_steps.py:3
    When we implement 5 tests           # steps/example_steps.py:8
    Then behave will test them for us!  # steps/example_steps.py:13

1 feature passed, 0 failed, 0 skipped
1 scenario passed, 0 failed, 0 skipped
3 steps passed, 0 failed, 0 skipped, 0 undefined
Took 0m0.001s
```

图 12.3

第四步，以上步骤可以理解为一个正向测试用例。现在以一个反向测试用例来验证 behave 的测试输出结果。首先更改 step 实现中的断言条件，使其判断为失败。在代码文件"example_steps.py"中将断言部分的"assert number > 1"改为"assert number > 10"，更改之后的代码文件内容如下，执行结果如图 12.4 所示。

```
#coding=utf-8
from behave import given, when, then, step

@given('we have behave installed')
def step_impl(context):
    pass
#注意，以下的实现函数在校验语句中将>1改成>10
@when('we implement {number:d} tests')
def step_impl(context, number):
    assert number > 10 or number == 0
    context.tests_count = number
@then('behave will test them for us!')
def step_impl(context):
    assert context.failed is False
    assert context.tests_count >= 0
```

```
Feature: Showing off behave # example.feature:1

  Scenario: Run a simple test           # example.feature:4
    Given we have behave installed      # steps/example_steps.py:3
    When we implement 5 tests           # steps/example_steps.py:8
      Traceback (most recent call last):
        File "d:\program files\python3.7\lib\site-packages\behave\model.py", lin
e 1329, in run
          match.run(runner.context)
        File "d:\program files\python3.7\lib\site-packages\behave\matchers.py",
line 98, in run
          self.func(context, *args, **kwargs)
        File "steps\example_steps.py", line 10, in step_impl
          assert number > 10 or number == 0
      AssertionError

    Then behave will test them for us! # None


Failing scenarios:
  example.feature:4  Run a simple test

0 features passed, 1 failed, 0 skipped
0 scenarios passed, 1 failed, 0 skipped
1 step passed, 1 failed, 1 skipped, 0 undefined
Took 0m0.001s
```

图 12.4

12.3 基于 Selenium 的行为驱动测试

通过以上案例中正反例的讲解，大家对行为驱动测试应该有了一个具体的认知。如果这种测试机制能和 Selenium 框架融合并运用到真正的自动化项目中，那么更大的价值将显现出来。笔者将继续以实例来演示这种设想。下面以携程网的登录场景为例来讲解。

项目总体的目录结构与上例一致，这里忽略。

第一步，场景描述。场景的功能主要是实现登录的目的。可以拆分为三步操作：打开登录页面；输入用户名；输入密码。具体可以参考场景文件"example.feature"，如图12.5所示。

图 12.5

第二步，按照以上对场景的描述，创建行为驱动脚本如下。在脚本中实现了 3 个步骤，分别是打开登录页面、输入用户名、输入密码。

```
#coding=utf-8
from behave import *
from selenium import webdriver
#以下函数用于实现打开网站的操作
@when('I open the login website')
def step_impl(context):
    #请在下列代码中添加真实的chromedriver的路径
    context.driver = webdriver.Chrome("xxx")
    context.driver.get('https://passport.ctrip.com/user/login?')
#输入用户名
@Then('I input username')
def step_i2(context):
    context.driver.find_element_by_id("nloginname").send_keys("test")

#实现输入密码
```

```
@Then('I input password')
def step_i3(context):
    context.driver.find_element_by_id("npwd").send_keys("test")
```

第三步，在项目主目录下执行命令"behave"，查看测试结果，如图 12.6 所示：

```
1 feature passed, 0 failed, 0 skipped
1 scenario passed, 0 failed, 0 skipped
3 steps passed, 0 failed, 0 skipped, 0 undefined
Took 0m5.166s
```

图 12.6

12.4　结合 PO 的行为驱动测试

利用 PO 的思想重构或者管理行为驱动测试能使测试更有效率。PO 的优势在第 11 章已经讲了很多，这里不再赘述。

以携程网登录场景为例，整体的项目结构如图 12.7 所示。

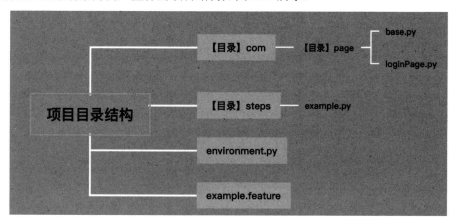

图 12.7

（1）在项目中体现 PO 思想的是 page 目录下的两个文件，分别为"base.py"和"loginPage.py"。其中"base.py"文件代码抽取了一些基本的方法，如元素定位的方法、打开网站的方法及得到当前网页标题等方法。其代码如下：

```
#coding=utf-8
```

```
from selenium.webdriver.common.by import By
class Base:
    def __init__(self,driver):
        self.driver = driver

    #*loc 函数参数是指传入的是不定参数,意思是 findele 函数可以传入1个参数,
     也可以传入2个参数,等等
    def findele(self,*loc):
        return self.driver.find_element(*loc)

    def get_url(self,url):
        self.driver.get(url)

    def get_title(self):
        return self.driver.title
```

（2）page 目录下的另外一个文件 loginPage.py 的功能是封装登录页面的操作,将这些操作以类成员方法的形式展现。注意类"loginPage"的构造函数的实现逻辑,具体内容在以下的代码注释中写明。

```
#coding=utf-8
from features.com.page.base import Base
from selenium.webdriver.common.by import By
#loginPage 继承了 Base 类
class loginPage(Base):
    #以下为类的初始化函数,其又调用了父类的初始化函数,这样做的目的是
    #将 context.driver 串起来,在调用 PO 类时,可以使用超级全局变量 context 下的 driver
对象
    def __init__(self,context):
        super(loginPage,self).__init__(context.driver)
    def login(self,username):
        self.findele(By.ID,"nloginname").send_keys(username)
```

（3）项目主目录下有 environment.py 文件,该文件的功能是对行为驱动环境进行配置,可以被全局调用,代码如下：

```
#coding=utf-8
from selenium import webdriver

def before_all(context):
    context.driver = webdriver.Chrome("chromedriver 路径")
```

```
def after_tag(contex):
    context.driver.quit()
```

(4) 项目主目录下有文件 example.feature, 其定义了行为驱动要执行的场景描述细节, 其代码如下:

```
Feature: Login
  Scenario:open website
    When I open the login website "https://passport.ctrip.com/user/login?"
    Then I input username "tim"
```

(5) 在目录 steps 下有 example.py 文件, 其定义了行为驱动场景的实现过程, 注意代码中涉及正则表达式的使用, 具体代码如下:

```
#coding=utf-8
from behave import *
from features.com.page.loginPage import loginPage

# "re" 表示在 step 中定义正则表达式
use_step_matcher('re')

#抓取在场景文件 example.feature 中的 URL 值, 传给 URL, 然后进行下面的操作
@when('I open the login website "([^"]*)"')
def step_reg(context,url):
    loginPage(context).get_url(url)
@Then('I input username "([^"]*)"')
def step_r(context,code):
    loginPage(context).login(code)
```

(6) 执行测试, 测试结构如图 12.8 所示。

```
Feature: Login # example.feature:1

  Scenario: open website                                              # example.feature:2
    When I open the login website "https://passport.ctrip.com/user/login?" # steps/example.py:5 1.110s
    Then I input username "tim"                                       # steps/example.py:8 0.870s

1 feature passed, 0 failed, 0 skipped
1 scenario passed, 0 failed, 0 skipped
2 steps passed, 0 failed, 0 skipped, 0 undefined
Took 0m1.981s
```

图 12.8

以上对行为驱动模式测试携程网登录进行了流程和结构的一些梳理, 通过对大体结构的讲解和细节的解释, 相信大家对行为驱动测试有了一个更深的认识。

第四篇
平 台 篇

通过前面的学习，基本框架已经形成，但是在实际项目中还不够。因为实际项目可能很复杂，需要频繁地进行迭代回归测试，这时就需要建立平台去管理了。如持续集成工具Jenkins可以将测试流程自动化（如自动部署App、自动规划测试执行等）；如邮件服务器可以设置自动发送邮件功能（测试执行完成，或者测试异常等）；如代码托管工具Git（可以对测试脚本、测试数据进行版本控制，方便管理）及Docker容器技术。搭建平台的优点如下：

- 易于账号管理。
- 可以集成不同的环境。
- 存储每次执行结果（数据库存储等模式）。
- 发送邮件。
- 实现定时执行测试。

本篇章节如下：

第13章　测试平台维护与项目部署

第14章　Docker容器技术与多线程测试

第 13 章
测试平台维护与项目部署

任何测试形式采取"单兵作战"的机会不会很大,即项目中的自动化测试一般是需要互相协作的。如果需要互相协作就需要有规范。而对自动化测试来说,平台的建设就显得很有必要,平台可以使管理更为高效,如可以将一些基础操作用平台去实现,而人工只需要聚焦真正的业务部分。

本章将介绍与平台相关的一些知识,涉及 Git、Jenkins 和 Docker 等应用,这些都是当前测试平台搭建经常使用的技术集合。

13.1 Git 应用

Git 是分布式版本控制系统,是当前比较流行、比较好用的一款版本控制系统。可以有效、高速地处理项目版本管理工作。Git 是 Linus Torvalds 当初为了帮助管理 Linux 内核开发而开发的版本控制软件。

这里讲到 Git 是因为自动化部署会用到版本控制系统，如 12.4 节讲到的 Jenkins 自动化平台，它是需要版本控制系统的。利用版本控制系统，可以更好地对版本进行管理，避免产生混乱。

举个实例来说明版本控制的重要性。比如我们的测试活动需要自动化部署 Tomcat 应用，在设置 Tomcat 的配置时，如果没有版本控制，我们就可能采取备份/复制等传统方式来保持对配置的追踪和更新，这样就会显得特别混乱。并且这样的模式维护也不方便，增加了维护成本。而如果使用 Git，可以减少这种重复劳动，更方便追踪版本情况，也可以随时切换版本。

以下为利用 Git 进行开发的经典场景：

（1）先从 Git 服务器上克隆完整的 Git 仓库（包括代码和版本信息）到本地。

（2）然后在自己本地的 Git 环境里根据不同的开发目的，创建分支，修改代码。

（3）在本地提交自己的代码到自己创建的分支上。

（4）在本地合并分支。

（5）把服务器上最新版的代码 fetch 下来，然后跟自己的主分支合并。

（6）生成补丁（Patch），把补丁发送给主开发者。

（7）看主开发者的反馈，如果主开发者发现两个一般开发者之间有冲突（他们之间可以合作解决的冲突），就会要求他们先解决冲突，再由其中一个人提交。如果主开发者可以自己解决，或者没有冲突，就通过。

（8）解决冲突的方法，开发者之间可以使用 pull 命令解决冲突（pull 命令的功能是先从 Git 库中抓取最新的代码到本地），解决完冲突之后再向主开发者提交补丁。

13.1.1　Git 安装

1. Linux Git

对于不同的 Linux 版本的操作系统而言，可以使用包管理工具进行快捷安装。如 Debian/Ubuntu，可以使用命令"apt-get install git"直接安装；若是最新版的 Fedora 可以使用命令"dnf install git"直接安装，具体如图 13.1 所示，网址为"https://www.git-scm.com/download/linux"。

```
Download for Linux and Unix
It is easiest to install Git on Linux using the preferred package manager of your Linux distribution. If you
prefer to build from source, you can find the tarballs on kernel.org.

Debian/Ubuntu
For the latest stable version for your release of Debian/Ubuntu
# apt-get install git
For Ubuntu, this PPA provides the latest stable upstream Git version
# add-apt-repository ppa:git-core/ppa  # apt update; apt install git
Fedora
# yum install git  (up to Fedora 21)
# dnf install git  (Fedora 22 and later)
Gentoo
# emerge --ask --verbose dev-vcs/git
Arch Linux
# pacman -S git
openSUSE
# zypper install git
Mageia
# urpmi git
Nix/NixOS
# nix-env -i git
FreeBSD
# pkg install git
Solaris 9/10/11 (OpenCSW)
# pkgutil -i git
Solaris 11 Express
# pkg install developer/versioning/git
OpenBSD
```

图 13.1

2．Windows Git

Windows 操作系统，安装显得更容易些。如图 13.2 所示，下载 32 位或者 64 位的基于 Windows 图形化界面的安装包，具体安装步骤如下。

在安装过程中，可以按照提示进行安装。其中有一个步骤需要设置 Git 的默认编辑器（如图 13.3 所示），这里选择本机已经安装的即可，没有什么特殊之处。若本地安装了"Notepad++"，则选择 Notepad++。

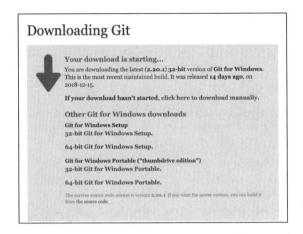

图 13.2

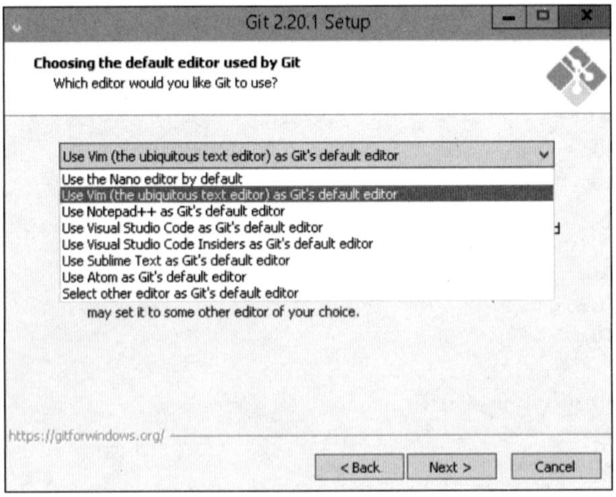

图 13.3

安装步骤完成后,在 Windows 桌面单击右键,出现如图 13.4 所示的界面,选择"Git GUI Here",打开 Git Gui 界面,如图 13.5 所示。也可以选择"Git Bash Here",其用法和 Linux 系统下操作 Git 类似,采用的也是命令行式。大家可以尝试一下,其实命令行式的操作也很方便快捷。

3．Mac OS Git

Mac OS Git 安装包如图 13.6 所示,选择 Mac OS X 版本进行下载,再下载 dmg 安装包进行安装。不过 Mac OS 的 Git 都是内置的,其实不需要安装,除非版本不合适。下载地址为"https://git-scm.com/downloads"。下载完成后,按照安装包提示一步一步安装即可。

第 13 章　测试平台维护与项目部署

图 13.4

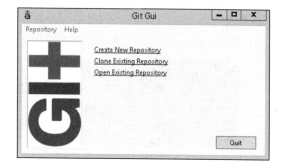
图 13.5

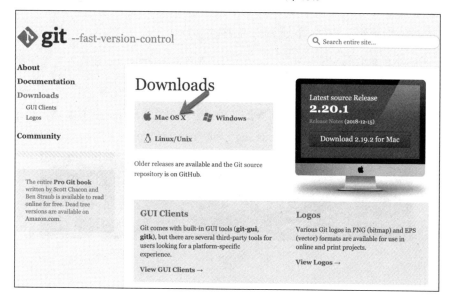
图 13.6

安装成功后，在 Mac OS 中运行命令"git--version"，如果显示 Git 的版本信息则说明 Git 安装成功。

13.1.2　Git 常用操作

（1）Git 库一般是用 Git Hub 应用程序进行管理的。如果要用 Git 去管理项目，需要把 Git 库相应的分支克隆到本地，

可以执行命令如"git clone -b master https://github.com/user/ProjectName.git"。git clone 的功

能是将项目 Git 库复制到本地当前目录下；“-b master”参数是执行当前 clone 为 master 分支的内容。如图 13.7 所示，master 分支已经成功复制到本地。

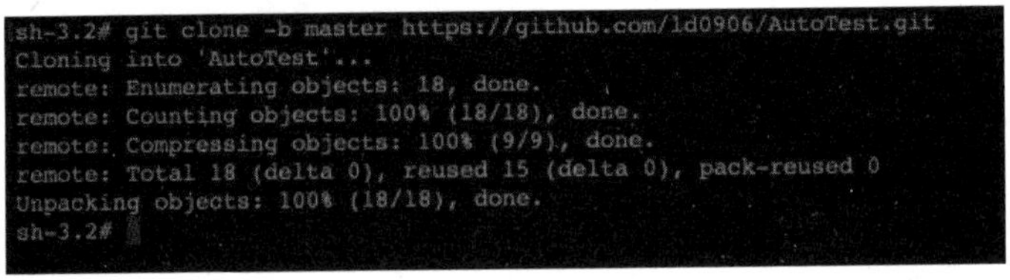

```
sh-3.2# git clone -b master https://github.com/ld0906/AutoTest.git
Cloning into 'AutoTest'...
remote: Enumerating objects: 18, done.
remote: Counting objects: 100% (18/18), done.
remote: Compressing objects: 100% (9/9), done.
remote: Total 18 (delta 0), reused 15 (delta 0), pack-reused 0
Unpacking objects: 100% (18/18), done.
sh-3.2#
```

图 13.7

（2）将本地新增文件/文件夹上传到 Git 库（远端）。如果本地新增了两个文件，要如何正确地将新增的文件上传到 Git 远端库呢？以下为具体步骤。

① 先将本地库更新，命令为“git pull”。目的是在提交本地改变前将本地库更新到最新的状态。

② 运行命令“git status”，查看当前库的改动，会列出所有改动，包括新增、修改、删除等改变的文件等。如图 13.8 所示，“newadd1.log”和“newadd6.log”是本地新增的文件。

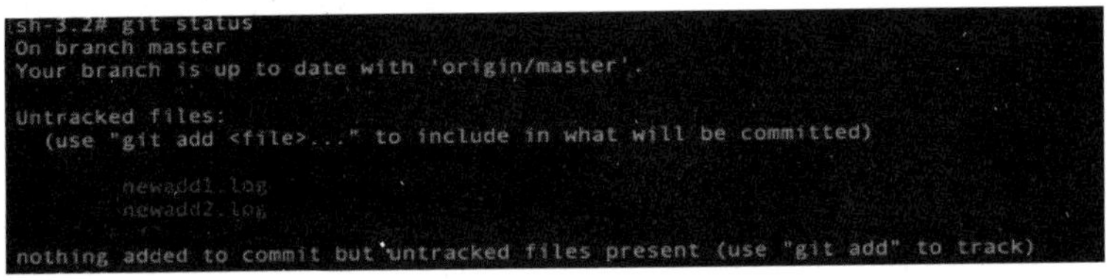

```
sh-3.2# git status
On branch master
Your branch is up to date with 'origin/master'.

Untracked files:
  (use "git add <file>..." to include in what will be committed)

        newadd1.log
        newadd2.log

nothing added to commit but untracked files present (use "git add" to track)
```

图 13.8

③ 如果要上传其中一个文件“newadd1.log”则此时需要运行命令“git add newadd1.log”；如果要上传当前所有的改动，则可以运行命令“git add -A”；如果要只添加新文件或更改过的文件但不包括删除的文件，则可以运行命令“git add .”；如果只添加编辑过的文件或删除的文件但不包括新添加的文件，则可以运行命令“git add -u”。“git add”命令运行之后，代码就从工作区添加到了暂存区。

④ 运行命令“git commit”，此命令是将代码从暂存区提交到本地的版本库。此步骤需要添加注解，如图 13.9 所示，用以说明此次提交的目的和用途等事项。

⑤ 运行命令“git push”，目的是将本地版本库的当前分支推送更新到远程服务器上对应的分支。此时新增的文件才真正从本地提交到远程服务器。

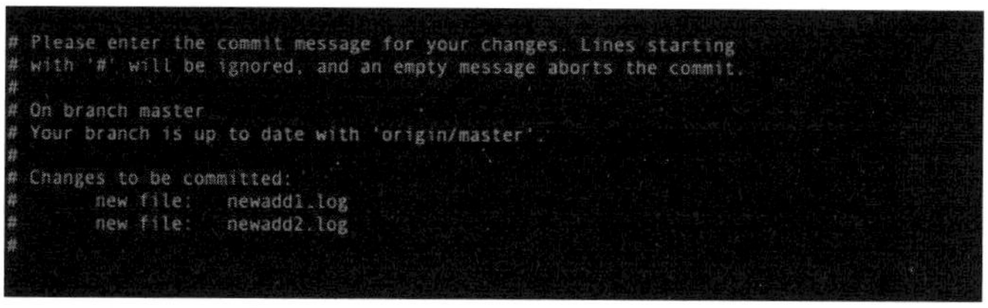

图 13.9

（3）假设在 Git 本地工作区，修改了一个文件，在提交到远程服务器之前，如果想要查看该文件的改动情况，则可以运行命令"git diff newadd1.log"。运行结果如图 13.10 所示，控制台添加了一行字符"newadd23"。

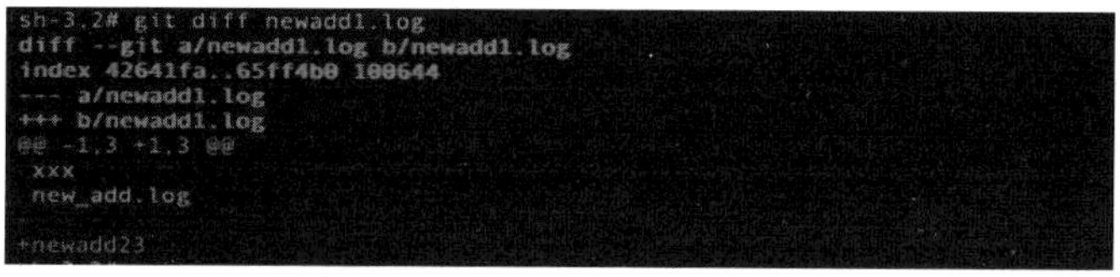

图 13.10

（4）Git 回退版本的操作。这种操作在工作中也比较常见。如果要将版本回退到上一个版本，则可以运行命令"git reset --hard HEAD^"；如果要回退两个版本，则可以运行命令"git reset --hard HEAD^^"；如果要回退到指定版本怎么操作？可以采取如下步骤。

① 运行 Git 命令"git log"，运行结果如图 13.11 所示（图片只截取了部分版本信息）。

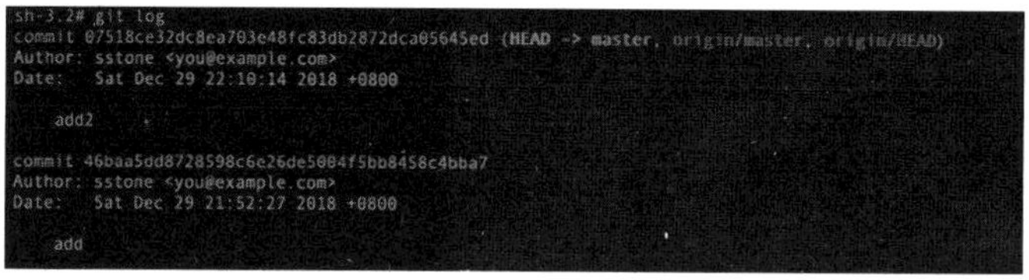

图 13.11

② 选择要回退的特定版本号，如选择版本"46baa5dd8728598c6e26de5004f5bb 8458c4bba7"回退，则执行 Git 命令"git reset --hard 46baa5dd8728598c6e26de5004f5bb8458c4bba7"即可。

13.1.3　GitHub 运用

GitHub 是一个面向开源及私有软件项目的托管平台。因为只支持 Git 作为唯一的版本库格式进行托管，故名 GitHub。

GitHub 除了 Git 代码仓库托管及基本的 Web 管理界面，还提供了订阅、讨论组、文本渲染、在线文件编辑器、协作图谱（报表）、代码片段分享（Gist）等功能。其中不乏知名的开源项目 Ruby on Rails、jQuery、Python 等。其对于 Git 作为版本控制系统的支持是很好的，很多企业也在内网中部署了专属的 GitHub 应用，以方便管理内部代码。

以公网 GitHub（https://github.com）为例，讲述一下如何一步一步将自己的代码放入 GitHub 上，再下载到本地环境。

（1）注册 GitHub 账号，网站地址为"https://github.com"。

（2）新建 GitHub 库，如图 13.12 所示，单击"New"按钮，再新建库页面填写库的相应信息，同一账号下只要库的名字不同即可。然后选择库的权限设置，可以选择"Public"（任何人都可以看到、下载等），或者"Private"（可以配置哪些人有下载、浏览、提交代码等权限），具体如图 13.13 所示。

图 13.12

（3）单击"Create repository"按钮后，在"Quick setup"页面有三种方式可以快速地创建 GitHub 库，如图 13.14 所示。一般常用的是第一种，可以将本地代码传入新库中，截图显示已经列出了每一步的命令操作，很实用。这里有两点需要注意，一是要把当前的位置切换到代码的目录；二是如果有很多文件要操作，按照之前 Git 的操作命令，可以使用"git add -A"，而不是"git add filename"，这样可以提高效率。

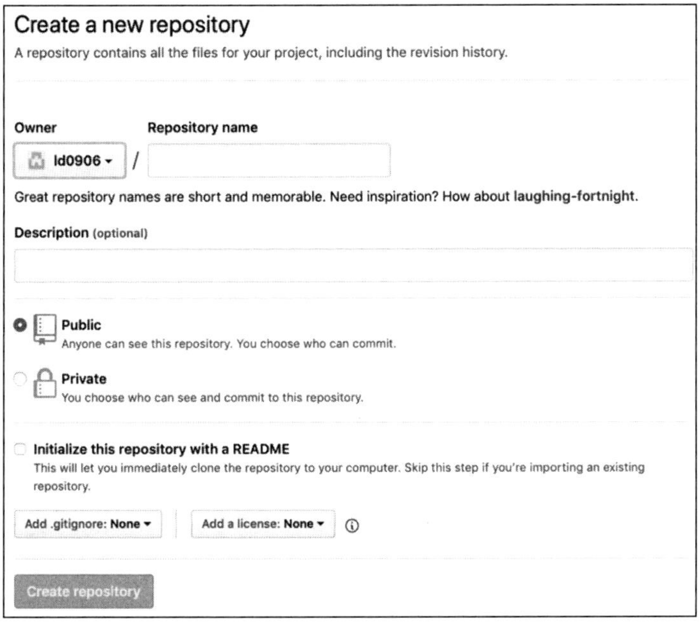

图 13.13

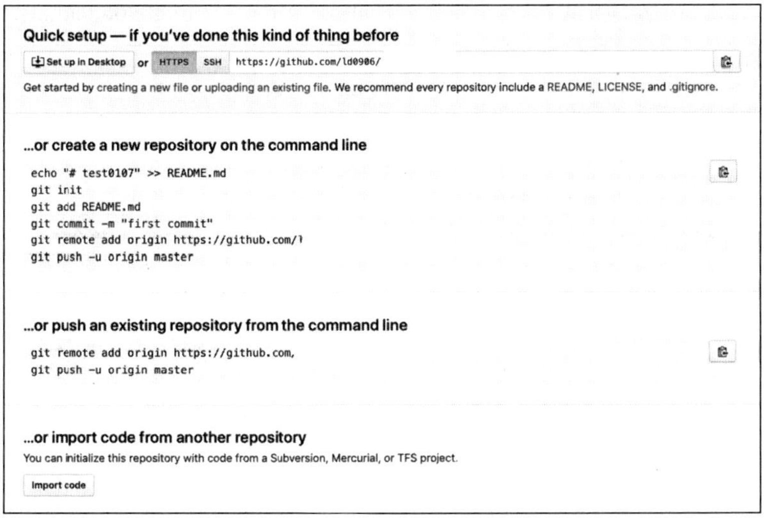

图 13.14

（4）GitHub 库创建完成后，如图 13.15 所示。

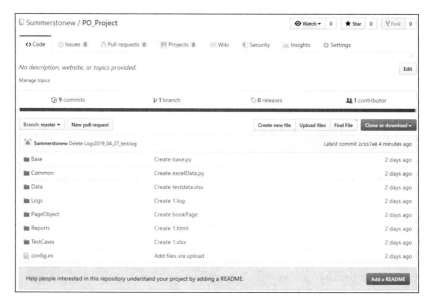

图 13.15

（5）GitHub 库创建完成后，假如现在有其他人想要下载 Git 库，那么如何获取 Git URL？可以通过如图 13.16 所示的方式获取，URL 为 "https://github.com/ld0906/jenkinstest.git"。

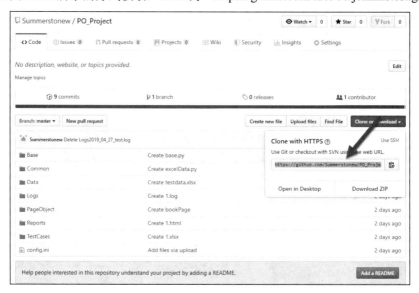

图 13.16

（6）获取 Git URL 之后，可以利用命令"git clone -b master https://github.com/ld0906/jenkinstest.git"将代码复制到本地，现在就可以开始 Git 的代码管理之旅了，如图 13.17 所示。

图 13.17

13.2 Jenkins 安装

Jenkins Job 可以持续地、自动地构建/测试软件项目，可以同时监控一些定时执行的任务。Jenkins 的主要特性如下：

（1）易于安装，只要将 Jenkins.war 部署到 Servlet 容器即可，不需要后端的数据库支持。

（2）易于配置，可以通过自带的 Web 界面方便直观地设置参数。

（3）可以集成 E-mail 和 JUnit/TestNG 测试报告。

（4）支持分布式构建，可以让多台计算机一起联机部署测试。

（5）支持插件扩展等。

（6）符合 CI/CD（持续集成/持续部署）机制，符合现在主流的开发测试流程。

下载地址为"https://jenkins.io/download/"，如图 13.18 所示，选择 Windows 版本进行下载，下载完成后是一个 .msi 的 Windows 安装包，可以按照安装步骤的提示一步一步地完成安装。

也可以选择 war 版本（Generic Java Package），此版

图 13.18

本可以直接启动，前提是要安装好 JDK，在 DOS 窗口切换到“jenkins.war”目录下，输入命令“java -jar jenkins.war”。在安装过程中有可能会遇到如图 13.19 所示的错误，根本原因是“Address already in use: bind”，Jenkins 默认的安装端口（8080）可能已被其他软件占用。解决方案是更改执行命令如“java -jar jenkins.war –httpPort=8081”，执行结果如图 13.20 所示，表明安装成功。

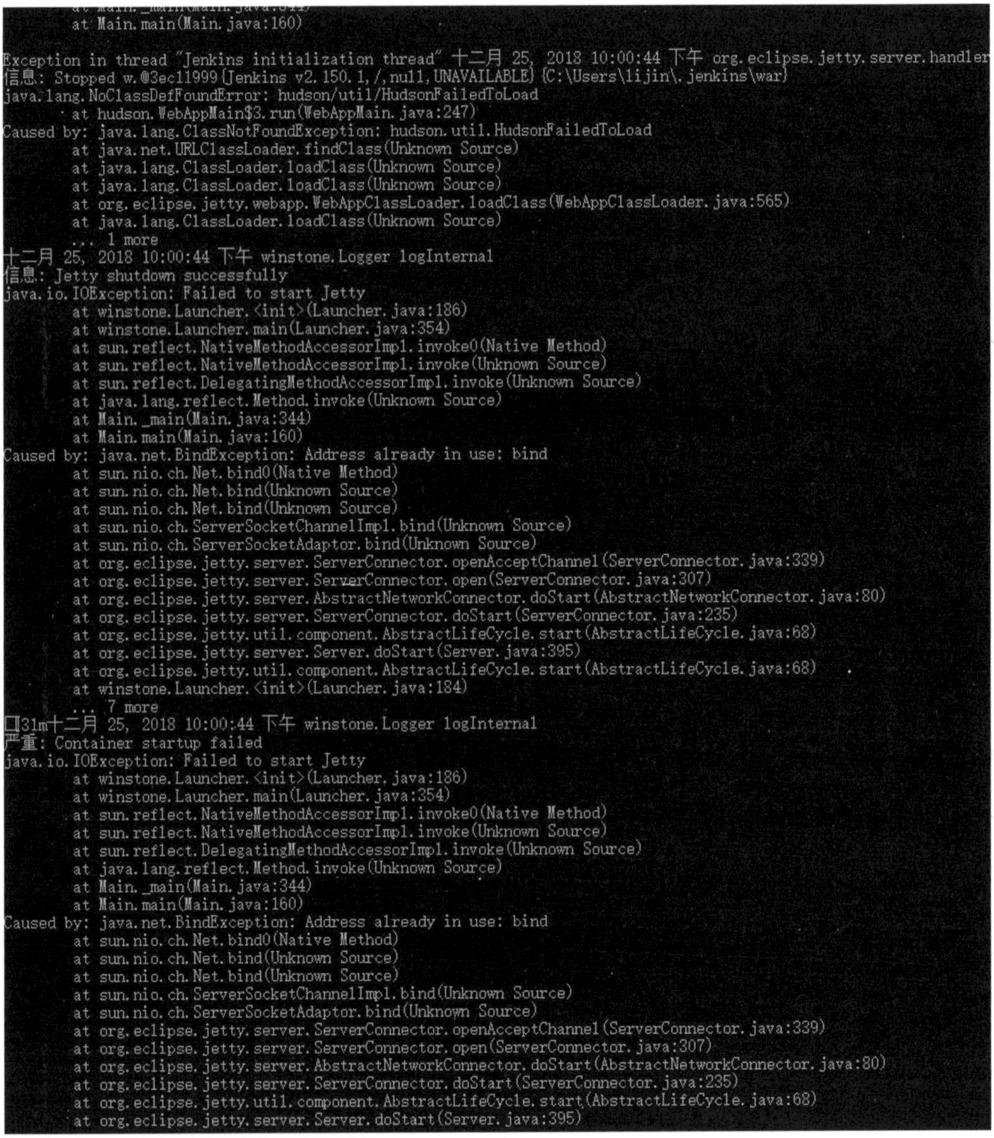

```
        at Main.main(Main.java:160)

Exception in thread "Jenkins initialization thread" 十二月 25, 2018 10:00:44 下午 org.eclipse.jetty.server.handler
信息: Stopped w.@3ec11999{Jenkins v2.150.1,/,null,UNAVAILABLE}{C:\Users\lijin\.jenkins\war}
java.lang.NoClassDefFoundError: hudson/util/HudsonFailedToLoad
        at hudson.WebAppMain$3.run(WebAppMain.java:247)
Caused by: java.lang.ClassNotFoundException: hudson.util.HudsonFailedToLoad
        at java.net.URLClassLoader.findClass(Unknown Source)
        at java.lang.ClassLoader.loadClass(Unknown Source)
        at java.lang.ClassLoader.loadClass(Unknown Source)
        at org.eclipse.jetty.webapp.WebAppClassLoader.loadClass(WebAppClassLoader.java:565)
        at java.lang.ClassLoader.loadClass(Unknown Source)
        ... 1 more
十二月 25, 2018 10:00:44 下午 winstone.Logger logInternal
信息: Jetty shutdown successfully
java.io.IOException: Failed to start Jetty
        at winstone.Launcher.<init>(Launcher.java:186)
        at winstone.Launcher.main(Launcher.java:354)
        at sun.reflect.NativeMethodAccessorImpl.invoke0(Native Method)
        at sun.reflect.NativeMethodAccessorImpl.invoke(Unknown Source)
        at sun.reflect.DelegatingMethodAccessorImpl.invoke(Unknown Source)
        at java.lang.reflect.Method.invoke(Unknown Source)
        at Main._main(Main.java:344)
        at Main.main(Main.java:160)
Caused by: java.net.BindException: Address already in use: bind
        at sun.nio.ch.Net.bind0(Native Method)
        at sun.nio.ch.Net.bind(Unknown Source)
        at sun.nio.ch.Net.bind(Unknown Source)
        at sun.nio.ch.ServerSocketChannelImpl.bind(Unknown Source)
        at sun.nio.ch.ServerSocketAdaptor.bind(Unknown Source)
        at org.eclipse.jetty.server.ServerConnector.openAcceptChannel(ServerConnector.java:339)
        at org.eclipse.jetty.server.ServerConnector.open(ServerConnector.java:307)
        at org.eclipse.jetty.server.AbstractNetworkConnector.doStart(AbstractNetworkConnector.java:80)
        at org.eclipse.jetty.server.ServerConnector.doStart(ServerConnector.java:235)
        at org.eclipse.jetty.util.component.AbstractLifeCycle.start(AbstractLifeCycle.java:68)
        at org.eclipse.jetty.server.Server.doStart(Server.java:395)
        at org.eclipse.jetty.util.component.AbstractLifeCycle.start(AbstractLifeCycle.java:68)
        at winstone.Launcher.<init>(Launcher.java:184)
        ... 7 more
□31m十二月 25, 2018 10:00:44 下午 winstone.Logger logInternal
严重: Container startup failed
java.io.IOException: Failed to start Jetty
        at winstone.Launcher.<init>(Launcher.java:186)
        at winstone.Launcher.main(Launcher.java:354)
        at sun.reflect.NativeMethodAccessorImpl.invoke0(Native Method)
        at sun.reflect.NativeMethodAccessorImpl.invoke(Unknown Source)
        at sun.reflect.DelegatingMethodAccessorImpl.invoke(Unknown Source)
        at java.lang.reflect.Method.invoke(Unknown Source)
        at Main._main(Main.java:344)
        at Main.main(Main.java:160)
Caused by: java.net.BindException: Address already in use: bind
        at sun.nio.ch.Net.bind0(Native Method)
        at sun.nio.ch.Net.bind(Unknown Source)
        at sun.nio.ch.Net.bind(Unknown Source)
        at sun.nio.ch.ServerSocketChannelImpl.bind(Unknown Source)
        at sun.nio.ch.ServerSocketAdaptor.bind(Unknown Source)
        at org.eclipse.jetty.server.ServerConnector.openAcceptChannel(ServerConnector.java:339)
        at org.eclipse.jetty.server.ServerConnector.open(ServerConnector.java:307)
        at org.eclipse.jetty.server.AbstractNetworkConnector.doStart(AbstractNetworkConnector.java:80)
        at org.eclipse.jetty.server.ServerConnector.doStart(ServerConnector.java:235)
        at org.eclipse.jetty.util.component.AbstractLifeCycle.start(AbstractLifeCycle.java:68)
        at org.eclipse.jetty.server.Server.doStart(Server.java:395)
```

图 13.19

图 13.20

下一步，war 包安装完成后，可以在浏览器中打开"http://localhost:8081/"，结果如图 13.21 所示，需要解锁 Jenkins。而此步骤需要的密码其实在安装过程中已经产生，密码文件的路径一般是"C:\Users\用户名\.jenkins\secrets\initialAdminPassword"。打开文件"initialAdminPassword"即可获取密码文本，然后完成解锁，并进行下一步。

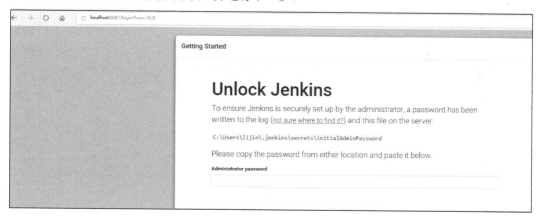

图 13.21

下一步是定制化安装 Jenkins 插件，个人推荐第一种模式"Install suggested plugins"，它是安装社区推荐的最有价值的插件集合，单击图片进行下一步安装，如图 13.22 所示。

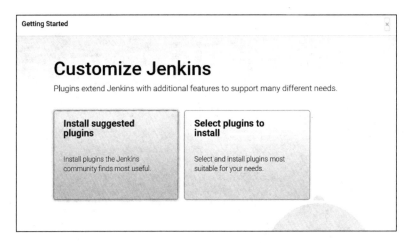

图 13.22

开始安装选择的插件集合,如图 13.23 所示,这个过程要持续一段时间才能完成。

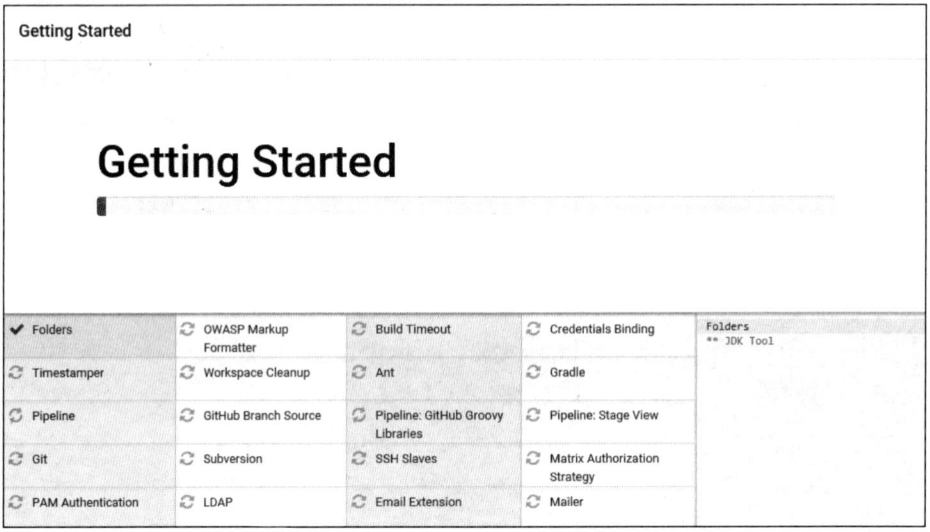

图 13.23

插件安装完成后,会自动跳转到下一步,如图 13.24 所示,需要设置账户密码等信息。

进入下一步,安装结束,如图 13.25 所示。

安装完毕后,登入 Jenkins 系统,首页如图 13.26 所示,现在就可以使用 Jenkins 了。

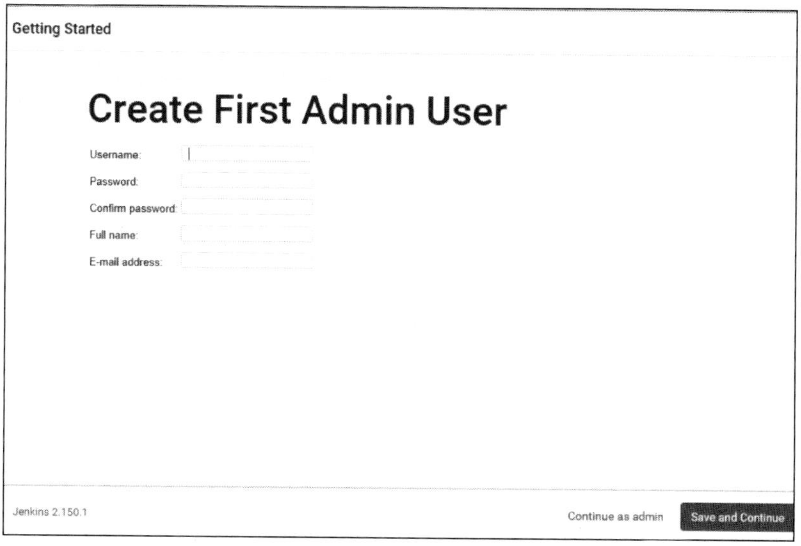

第 13 章　测试平台维护与项目部署

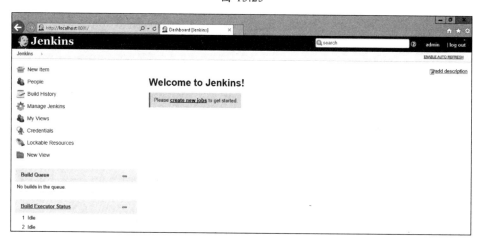

图 13.24

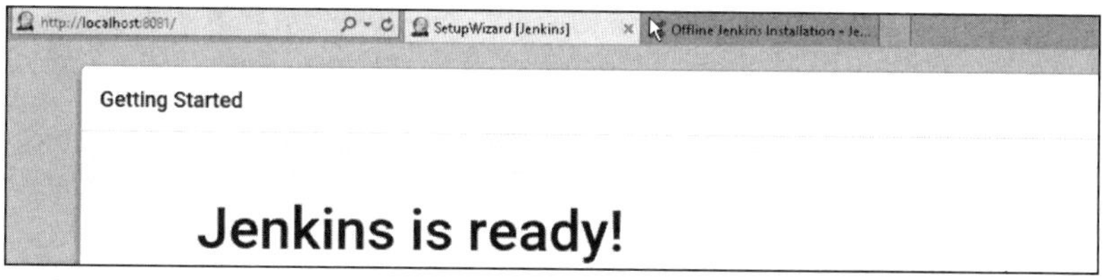

图 13.25

图 13.26

13.3 配置 Jenkins

在讲解配置之前，需要了解代码编译和构建的一些名称，如 Make、Ant、Maven。

Make 是 Windows 或者 Linux 的比较原始的编译工具。Windows 系统下对应的工具名为"nmake"，其主要用于控制编译器的编译过程和连接器的连接过程等。

用 Make 工具编译一些比较复杂的工具时不是很方便，语法较复杂，在这样的情形下就衍生出了 Ant 工具。Ant 工具在软件环境的自动化构建方面用的也比较多。

Maven 相当于 Ant 命令的进一步优化改进，它利用 Maven plugin 来完成构建过程。可以控制编译、控制连接，可以生成报告并完成一些测试。但是如何控制整体的流程呢？Maven 在这方面做得不够好。是先编译还是先连接？还是先测试，再生成报告？当然我们可以使用脚本对 Maven 进行控制，而此时我们可以引入持续集成工具 Jenkins 来完成复杂的构建，底层是 Maven 在工作。

1. Configure Global Security

如图 13.27 所示，在左侧边栏处选择"Manage Jenkins"，然后在右侧选择"Configure Global Security"。

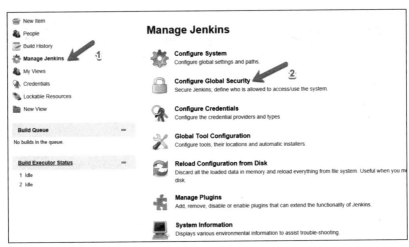

图 13.27

进入"Congfigure Global Security"页面，需要勾选"Enable security"选项，并且授权项也需要设置。如选择"Anyone can do anything"选项，即任何用户都可以做任何事情，表示没有任何限制，如图 13.28 所示；再比如选择"Matrix-based security"表明可以给登录用户或者非登录用户进行权限分配，如图 13.29 所示。

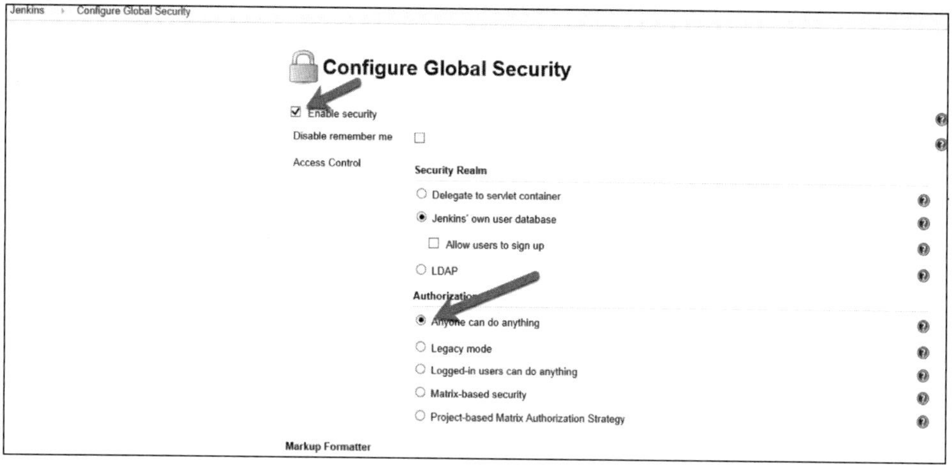

图 13.28

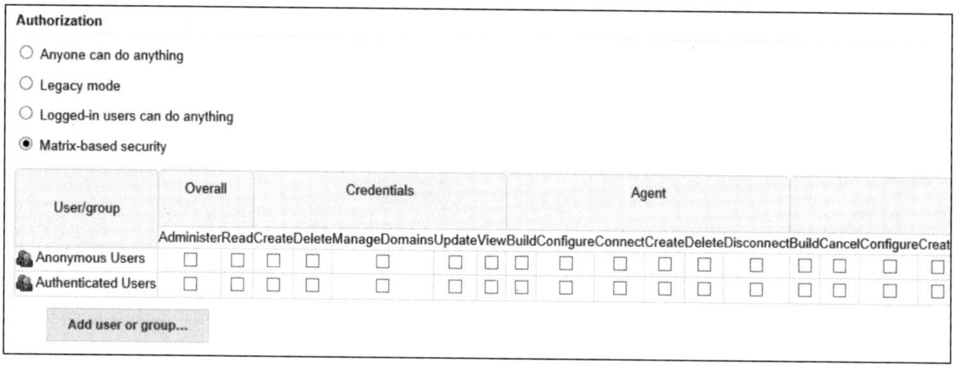

图 13.29

2. 管理插件功能

在 Jenkins 管理界面可以找到管理插件的功能，如图 13.30 所示。此功能可以实现插件安装、插件删除、插件禁用/启用等功能，具体可以参考如图 13.31 所示的 Plugin Manager 的页面。

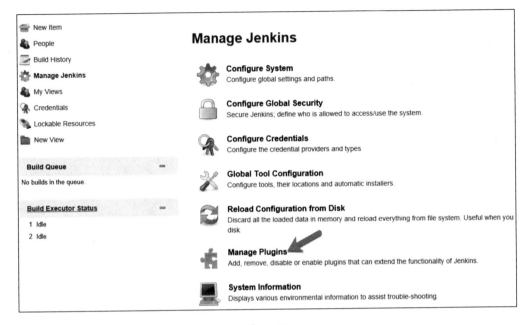

图 13.30

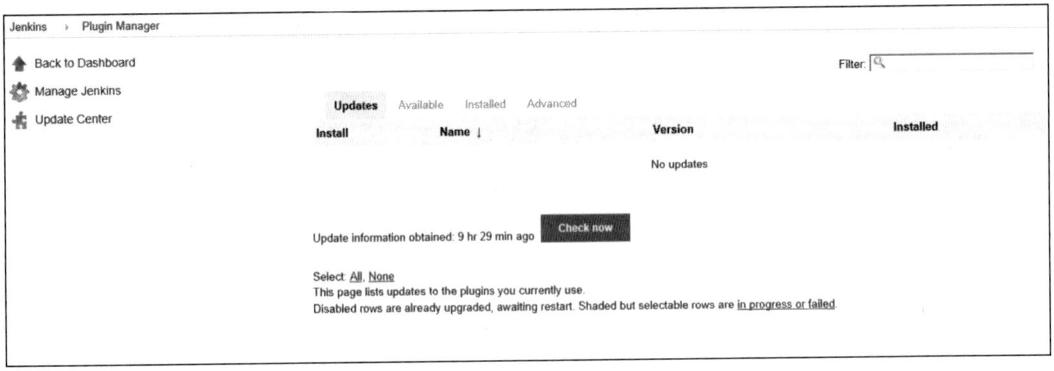

图 13.31

要安装新的插件,可以在"Available"页面查询可用的插件,然后单击"Install without restart"按钮即可安装,如图 13.32 所示。

3. Jenkins master-slave 搭建

Master-slave 节点搭建相当于串联了多台电脑,这样就体现了 Jenkins 的可扩展能力,能更大限度地利用可以利用的服务器资源。新建 Node 节点如图 13.33 所示。

第 13 章 测试平台维护与项目部署

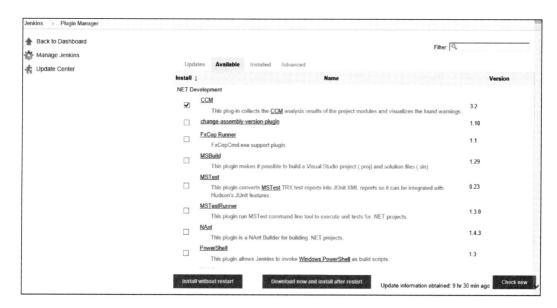

图 13.32

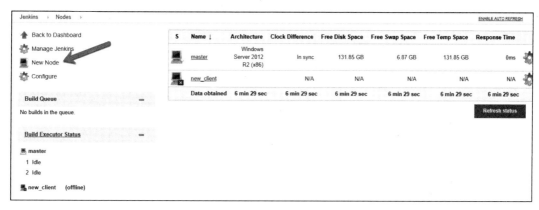

图 13.33

然后配置节点步骤：单击左边栏"Configure"图标；再在右边设置 Remote root directory；Launch method 选择"Launch agent via Java Web Start"，具体如图 13.34 所示。

按照以上配置完成后，单击"Save"按钮，跳转到如图 13.35 所示的页面，提示当前的 agent 还是离线状态，需要通过浏览器来设置为在线状态。然后单击"Launch"按钮，会跳出对话框如图 13.36 所示，需要运行 Java 应用程序"Jenkins Remoting Agent"。

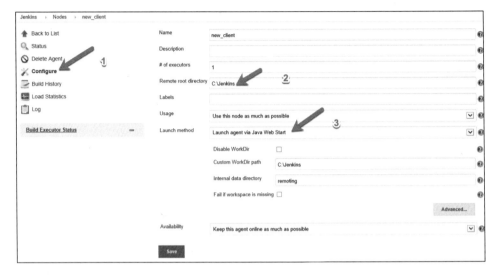

图 13.34

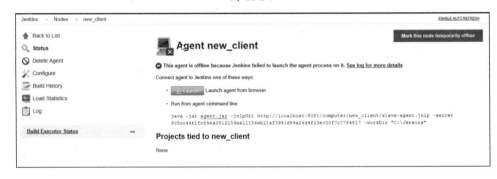

图 13.35

运行成功之后会提示"Jenkins agent connected",如图 13.37 所示。

图 13.36

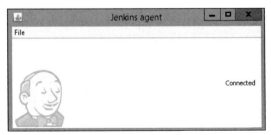

图 13.37

Node 创建完毕并启动成功后,浏览 Nodes 列表如图 13.38 所示,Master 节点和 Slave 节点"new_client"的状态是在线。

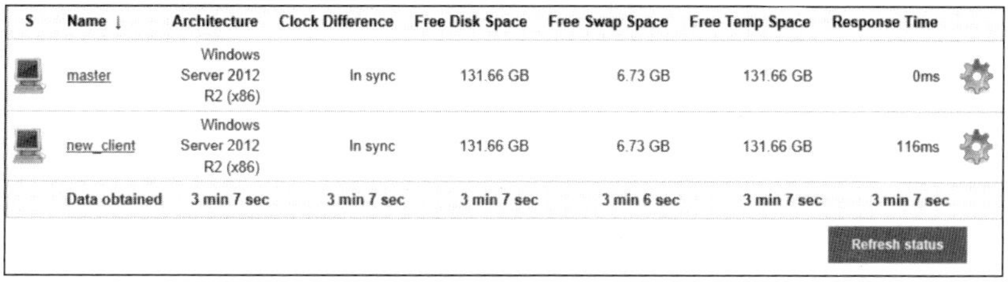

图 13.38

Jenkins 在安装完成后,其 master 节点是默认配置好的。基于以上,我们已经创建了一个 slave 节点。此时,如果我们要新建 Jenkins Job,那么可以有两种选择,要么选择 master 节点,要么选择 slave 节点。如果没有创建 slave 节点,就只能选择 master 节点。

13.4 Jenkins 应用

13.4.1 自由风格项目介绍

新建 Jenkins Job 如图 13.39 所示,需要输入 Jenkins 的项目名称,我们把它命名为"登录测试",类别选择"Freestyle project",意思是自由风格项目。

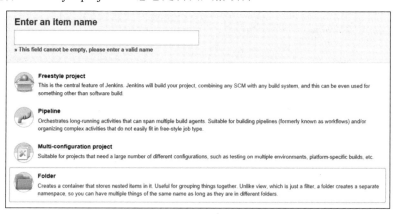

图 13.39

以上步骤填写好后，单击"OK"按钮，就可以进入"Job"配置页面了，如图 13.40 所示。

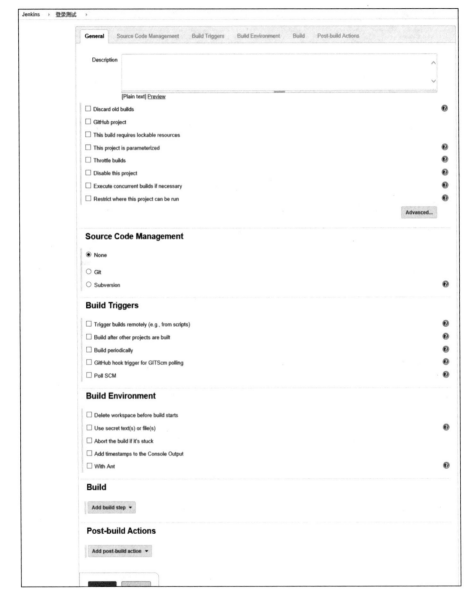

图 13.40

其中"Restrict where this project can be run"选项要勾选，在"Label Expression"中选择 Job 运行的节点，在本例中可以选择"master"或者"new_client"，如图 13.41 所示。

第 13 章　测试平台维护与项目部署

图 13.41

然后，自定义工作空间，如图 13.42 所示，定义的工作目录是 "C:\Jenkins_Job"。

图 13.42

接下来是代码管理，可以选择从 SVN 或者 GIT 上获取代码。如图 13.43 所示，可以设置 Git 库地址、验证方式（比如用户名密码）、库的分支选择等。

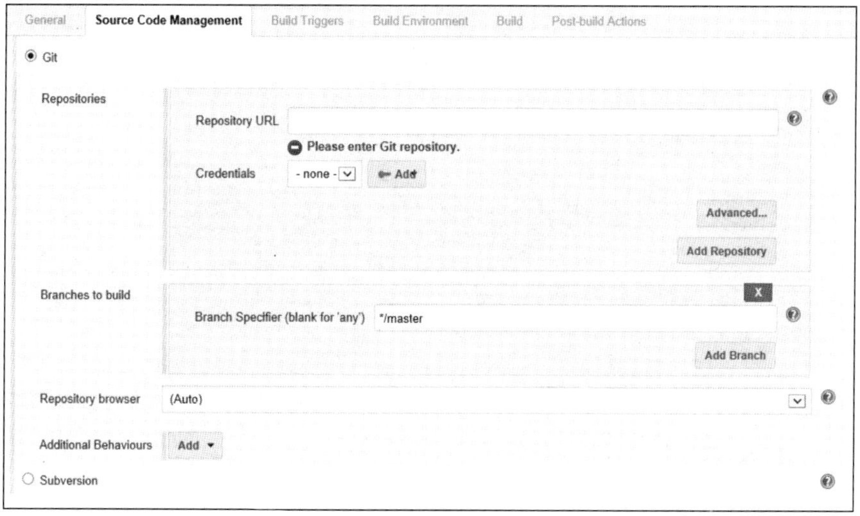

图 13.43

以上步骤主要设置了环境和代码属性等，接下来需要构建 JOB 执行的命令设置，可以在"Build"中设置执行代码命令，如图 13.44 所示，勾选"Execute Windows batch command"选项后，即可以用 Windows 命令执行。到这里，Job 构建步骤已经完成。

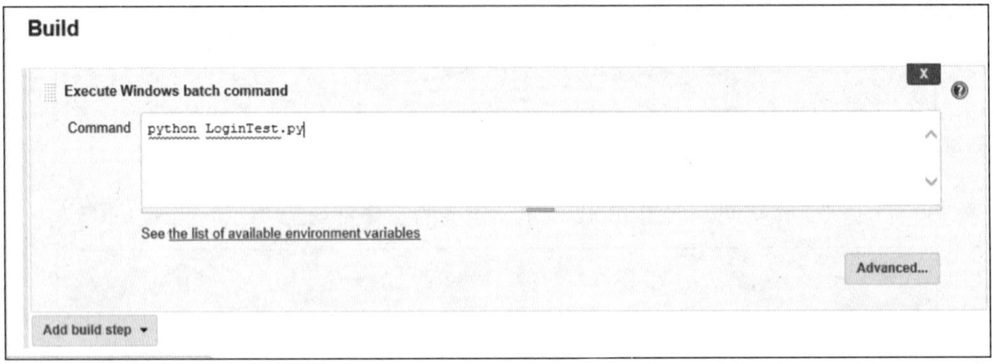

图 13.44

Job 执行完毕后，通常还需要做一些后续操作。如果要生成 JUnit 的测试结果，可以在 Build 界面单击"Add post-build actions"链接，选择"Publish JUnit test result report"选项进行配置，如图 13.45 所示；如果要发送邮件，则在 Build 界面选择"Email Notification"选项进行配置，如图 13.46 所示。

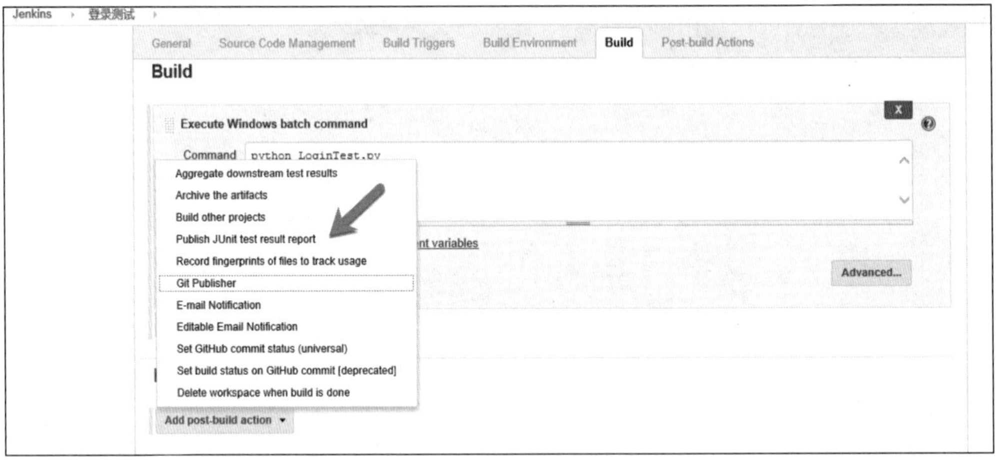

图 13.45

Job 相关的配置都设置好后，可以运行 Job，如图 13.47 所示，单击左边栏功能"Build Now"即可，此时 Jenkins Job 就可以有效正确地运转了。

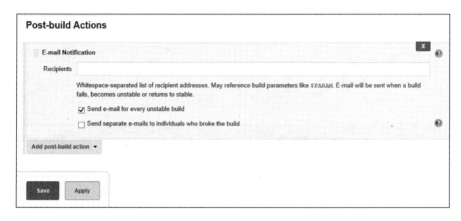

图 13.46

图 13.47

13.4.2 Jenkins Pipeline

Pipeline 就是一套运行于 Jenkins 上的工作流框架，可以连接多个节点的任务。Pipline 提供了一组可扩展工具，可以将一个 Pipeline 划分成若干个 Stage，每个 Stage 代表了一组操作，比如"Build""Test""Deploy"和"Post actions"。其中 Stage 是一个逻辑分组的概念，可以横跨多个 Node。

Pipeline 和自由风格项目的区别主要是：

（1）自由风格是一种至上而下的 Job 调度，如果有三个 Stage，那么就有三个 Job 设定。然后利用 Build Flow Plugin 去调度多个子 Job。

（2）Pipeline 的模式是在单个的 Job 中完成所有任务的编排，有全局的特性。比如可以在一个脚本中去实现多个相互关联的步骤，而且这样的模式具有较强的连贯性和可辨识性，运行结果是以通道形式展示的，结果显示比较直观。

Jenkins pipeline 实践操作：

（1）在 Jenkins 中创建一个 Pipeline 任务，如图 13.48 所示，在类别中选择"Pipeline"选项，填写任务名"pipeline_test"，单击"OK"按钮。

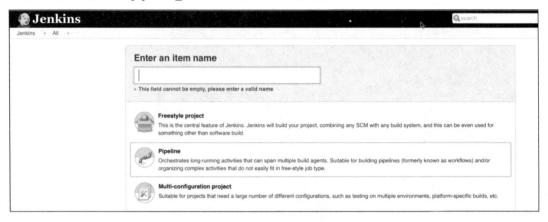

图 13.48

（2）Pipeline 任务的核心就是 Pipeline 脚本设定，如图 13.49 所示，可以把 Job 相关的 Stage 和每个 Stage 要完成的任务在这样一个脚本中定义清楚。在"Definition"字段可以选择"Pipeline script"或者"Pipeline script from SCM"。两者的区别主要是，前者脚本存放在本地，而后者是将脚本存放到 Git 中，可以利用 Git 进行管理。

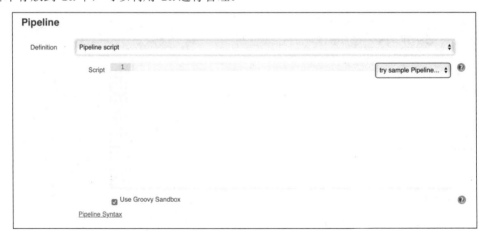

图 13.49

（3）运用系统默认的脚本模式"GitHub+Maven"新建了一个脚本，代码如下。这里只是用于测试演示的代码，不是在真正项目中使用的代码。

```
node {
  stage('Preparation') {
    echo 'Preparation is done'
  }
  stage('Build') {
    echo 'Build is done. Please use it'
  }
  stage('Results') {
     echo 'Results is here!'
  }

  stage ('Post_actions'){
     echo 'Post actions are done!'
  }
}
```

这个 Pipeline 脚本定义了 4 个 stage，分别为"Preparation""Build""Results"和"Post_actions"。脚本写完后，单击"Save"按钮保存到 Job 定义中，如图 13.50 所示。

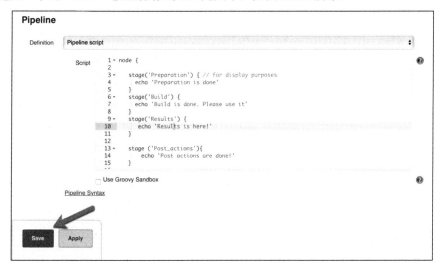

图 13.50

（4）运行 Job，单击左边栏链接"Build Now"，如图 13.51 所示，在左下方"Build History"

模块中显示构建信息。在"Stage View"功能模块中会显示每次构建的细节，比如每个 Stage 的名称、步骤，以及每一步执行耗费的时间等信息。

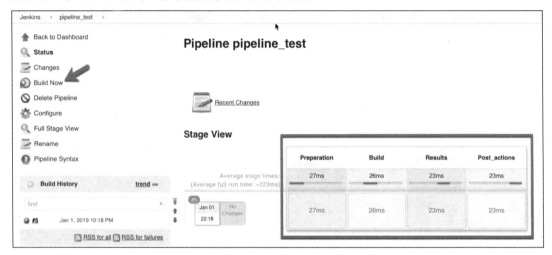

图 13.51

（5）将鼠标放置在步骤上会显示这一步的详细信息，如步骤运行状态信息（成功/失败），还会显示"Logs"的超链接，如图 13.52 所示。单击"Logs"链接，会显示选中步骤的执行日志，如图 13.53 所示。

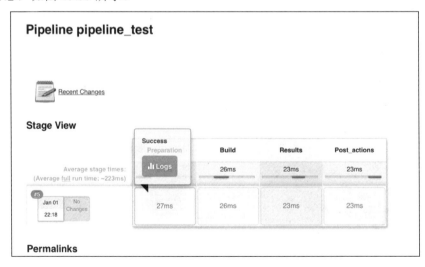

图 13.52

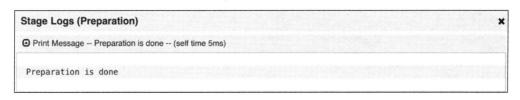

图 13.53

我们对 Jenkins 的作用已经有了大致的认识。如图 13.54 所示，Jenkins 可以从 Git 上抓取代码，并自动化地完成编译、部署测试等动作，自动化地利用 Docker 技术创建镜像库，然后在测试和生产环境中抓取镜像，最后启动容器。在后续的章节里，会对 Docker 相关的技术进行详细的介绍。

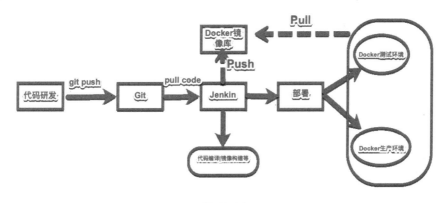

图 13.54

13.5 完整的 Jenkins 自动化实例

通过前面的介绍，我们对 Jenkins、Git 等相关的内容有了大致的了解。本节将串联各个知识点，以一个综合性的案例来更加深入地讲解 Jenkins 相关的内容。

我们以设置 QQ 邮箱为例，首先需要开启 QQ 官方支持的 SMTP 服务，方法如下。

（1）在 QQ 首页单击"设置"链接，如图 13.55 所示。

图 13.55

（2）在开启 SMTP 服务的过程中，可能需要进行安全验证等步骤，按照提示操作即可。如果 SMTP 服务开通成功，会在"POP3/SMTP"右侧显示"已开启"，如图 13.56 所示；而且会产生一个 16 位的授权码，如图 13.57 所示，这个验证码在稍后 Jenkins 配置中会用到。

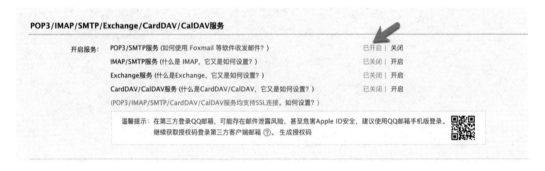

图 13.56

（3）在 Jenkins 中设置邮件时，首先在"Jenkins Location"设置系统管理邮件地址，如图 13.58 所示。这里，如果不设置管理密码，会造成邮件发送不成功。

接下来，设置 SMTP 服务器的"smtp.qq.com"；Username 可以设置和"System Admin e-mail address"同样的邮件地址；Password 字段就是输入刚才开通服务得到的 16 位授权码；将 SMTP port 设置为"465"。如图 13.59 所示。

第 13 章　测试平台维护与项目部署

图 13.57

图 13.58

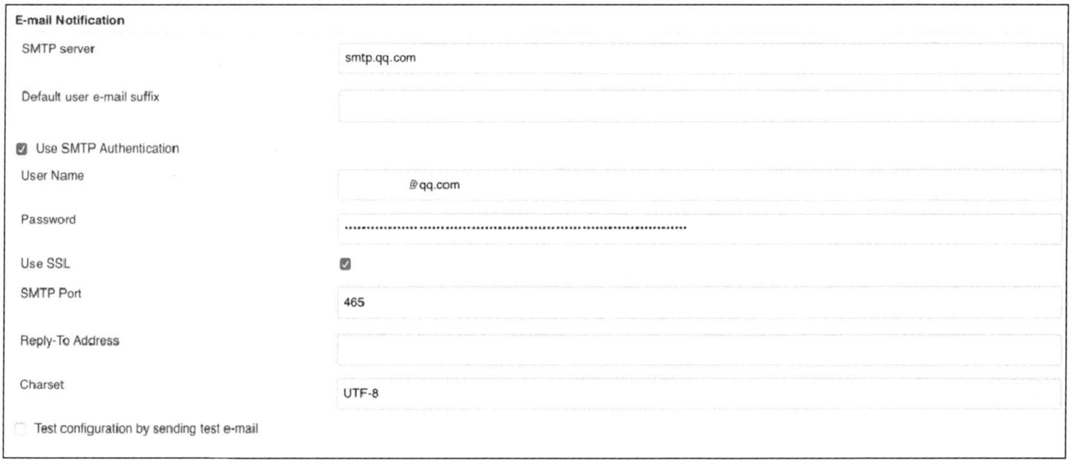

图 13.59

（4）最后，测试一下邮件设置配置是否成功。单击"Test configuration"按钮，如图 13.60 所示。如果成功会在页面上显示"Email was successfully sent"。接着，验证邮箱收件夹会收到这封测试邮件，如图 13.61 所示。

• 283 •

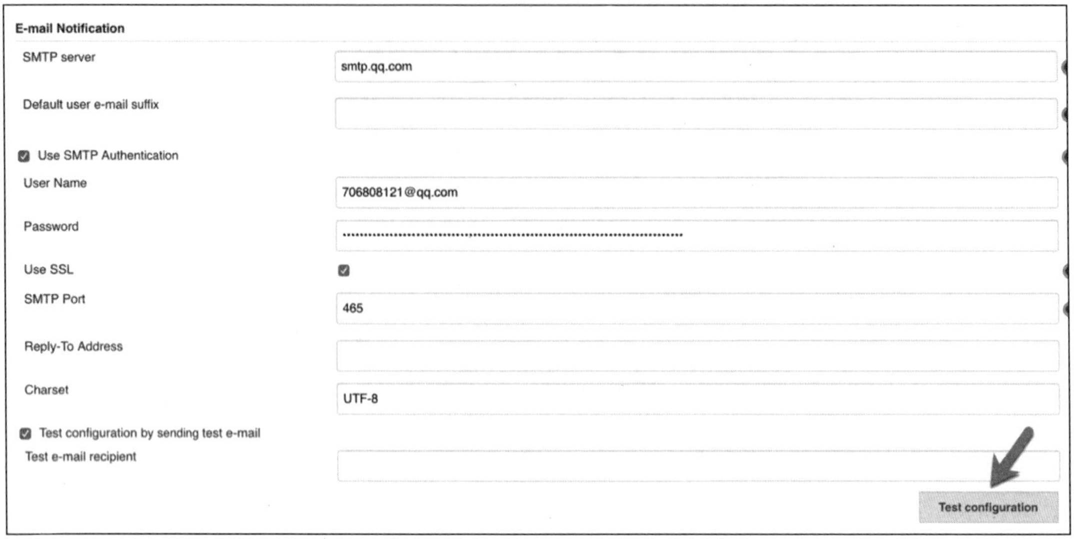

图 13.60

图 13.61

（5）在新建 Jenkins Job 时，需要设置构建触发条件，常见的有以下 2 种（如图 13.62 所示）：

定期构建项目（Build periodically）：定期进行项目构建，不管项目代码有无更新都进行构建。比如配置为"0 9 * * *"，表明每天 9:00 必须构建一次源码。

Poll SCM 模式构建项目：检查源码变更，如果有更新就 checkout 最新的代码，然后执行构建项目操作，比如配置为"H/15 * * * *"表明每 15 分钟检查一次源码变化。

（1）配置构建细节：选择"Execute Windows batch command"并切换到项目工程目录，以执行项目的 TrainTest 为例，具体如图 13.63 所示。本地项目代码如图 13.64 所示，项目代码 GitHub 的 URL 为"https://github.com/ld0906/jenkinstest"。

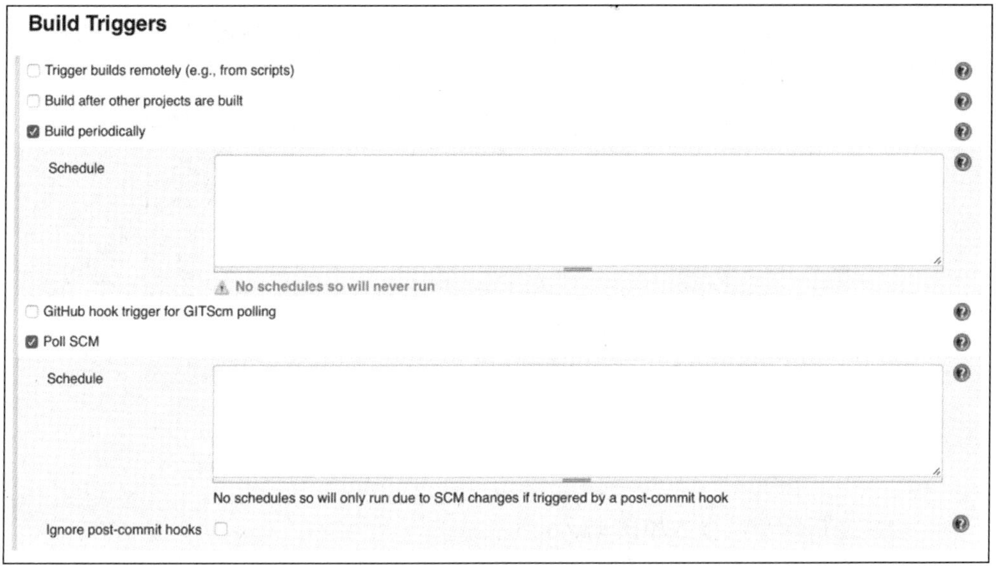

第 13 章 测试平台维护与项目部署

图 13.62

图 13.63

图 13.64

（2）配置报表：在"Post-build Actions"中添加"Publish HTML reports"，如图 13.65 所示。

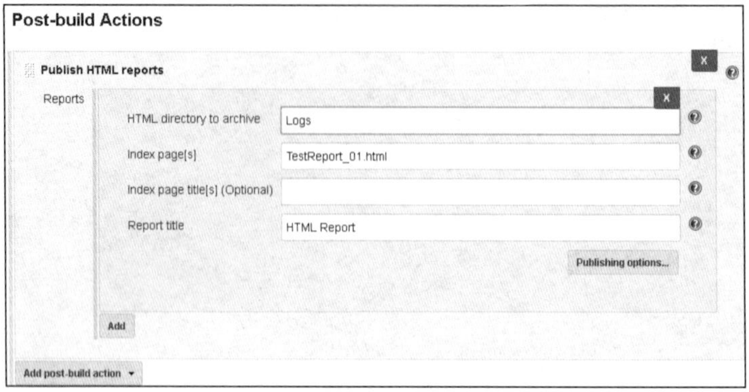

图 13.65

（3）构建之后，测试报告如图 13.66 所示。

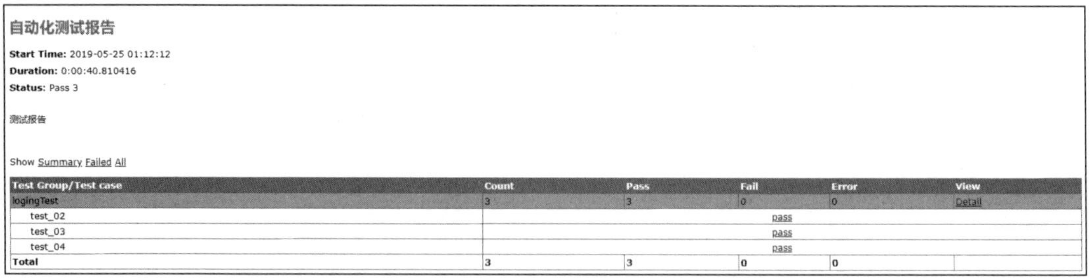

图 13.66

13.6 项目部署

在实际项目中很有可能遇到项目需要部署到新环境的需求。对于 Selenium 来说，比较重要的部分可能就是需要将运用到的功能模块也能完整地安装到新环境中。在本节中，笔者将主要解决这个需求。

13.6.1 获取当前环境模块列表

获取方法比较简单，在命令行下执行命令"pip freeze > requirements.txt"即可。执行结果如

图 13.67 所示。

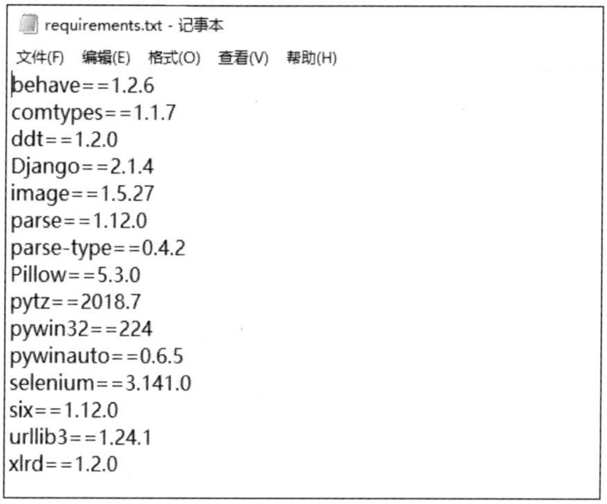


```
behave==1.2.6
comtypes==1.1.7
ddt==1.2.0
Django==2.1.4
image==1.5.27
parse==1.12.0
parse-type==0.4.2
Pillow==5.3.0
pytz==2018.7
pywin32==224
pywinauto==0.6.5
selenium==3.141.0
six==1.12.0
urllib3==1.24.1
xlrd==1.2.0
```

图 13.67

13.6.2　安装项目移植所需模块

从 13.6.1 节得到了项目移植所需要的 Python 模块，所需要的内容都列入文件“requirements.txt”中。安装需要执行命令“pip install -r requirements.txt”。

第 14 章 Docker 容器技术与多线程测试

Docker 容器技术，读者朋友可能会觉得这个话题与自动化测试有点格格不入。运用 Docker 技术可以让 Selenium 更好地实现分布式测试。在实际的自动化测试项目中，测试环境可能有很多种类，比如某个 Web 项目就需要在 Windows+IE 测试环境中进行，也可能需要在 Windows+Chrome 测试环境中进行等。全部按照传统的方式去部署管理测试环境，会出现效率不高的问题。总之，通过 Docker 可以简化 Selenium Grid 分布式测试环境的部署。

关于分布式环境的部署，可以参考图 14.1。先由脚本驱动 Hub，根据脚本中的设定和脚本执行规则去寻找相应的 Node 并执行测试脚本。比如某网站登录功能的自动化测试需要既在 Windows 系统+IE 浏览器环境中测试，也需要在 Windows 系统+Chrome 浏览器环境中测试，那么此时如果运用 docker 技术搭建这种分布式环境，就可以增强环境部署的效率，也是自动化运维发展的一个趋势。在本章中笔者将带领大家认识 Docker、线程等知识结构。

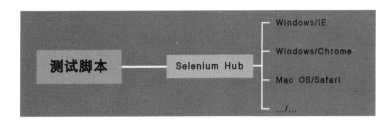

图 14.1

14.1 Docker 简介

Docker 是基于 Go 语言实现的一个云开源项目，托管在 GitHub 中，任何人都可以参与。Docker 的作用是提供了一个轻量级的操作系统虚拟化解决方案。Docker 刚开始只是针对 Linux 开发的，不过目前也开始支持 Mac OS 和 Windows 系统了。Docker 是一个开源的引擎，可以创建轻量化、可移植的容器。下面介绍一下 Docker 的三大核心概念：镜像、容器和仓库。

（1）镜像类似之前虚拟机的镜像，也类似通常所讲的安装文件。

（2）容器类似一个轻量级的沙箱，通过镜像创建应用运行实例，这些容器可以在 Docker 中实现被启动、开始、停止和删除，并且这些容器是相互隔离的，互不相见的。

（3）仓库有些类似代码仓库，是 Docker 集中存放镜像文件的场所。

Docker 的技术架构大致如图 14.2 所示：

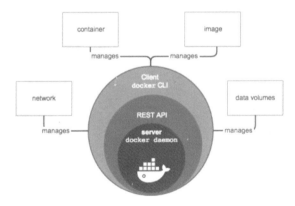

图 14.2

图中各部分解释如下：

（1）最核心的是 Docker Daemon，也可以称作 Docker 守护进程。它行使 Docker Server 端的职能，既可以部署在远端，也可以部署在本地。

（2）REST API。它实现了 Client 端和 Server 端的交互协议，在通信之前开启相关服务即可。

（3）Docker CLI。其中 CLI 是 Command Line Interface 的缩写，实现了利用 Docker 达到对容器和镜像进行管理的目的，并且为用户提供了统一的操作界面。客户端提供镜像，根据镜像可以创建一个或者多个容器（Container）。容器在 Docker 客户端中只是一个进程，因为在实际应用中，我们封装好镜像，然后通过镜像来创建容器，最后在容器中运行我们的应用即可。而 Server 端负责管理网络和磁盘，我们不用去关心，可以将其当作黑盒来应用。

（4）Image。关于镜像产生，可以自己创建镜像也可以在网上下载，供自己所用。镜像包含了一个 RFS（根文件系统）。一个镜像可以创建多个容器。

（5）Container：是由 Docker Client 通过镜像创建的实例，用户运行的应用是在容器中的，一旦容器实例创建成功后，就可以当成一个简单的根文件系统。每个应用是运行在隔离的容器中的，拥有独立的网络、权限和用户资源等。Docker 的这些机制可以确保容器的安全和互不影响等。

如图 14.3 所示，Docker 容器和虚拟机比较，最大的区别是容器之间会共享主机内核和操作系统，他们分别运行着独立的进程，相比之下虚拟机是和主机隔离的另外一套操作系统，能够通过 Hypervisor 技术访问主机资源。

 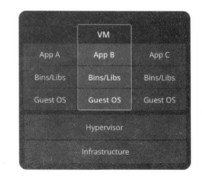

图 14.3

14.2 Docker 的一般应用场景

14.1 节主要讲解了与 Docker 技术相关的知识。好的技术要被很好地利用,才能够发挥其价值。接下来介绍一下 Docker 常见的使用场景,通常有以下几种:

(1)项目打包部署:一般项目传统的部署手段是先安装/部署一大堆依赖的工具、软件等,而在这种情况下出现错误的概率极大,也就导致了效率低下。而 Docker 可以实现类似环境打包的概念,可以先将环境打包到镜像,再直接根据镜像启动容器,这样的部署就直接提高了效率,也减少了犯错的概率。

(2)Web 应用的自动化部署和冒烟测试验证。

(3)运行自动化测试和项目持续集成、发布。

(4)在 Micro Service 服务型环境中部署和调整数据库或其他的后台应用。

(5)基于云平台的应用。

Docker 容器技术可以给企业解决的问题包含以下几种:

(1)多种开发语言,多种运行环境难以维护。一个企业发展到一定规模的时候,可能有多种产品共存,也就涉及多种开发语言、多种运行环境。每个项目可能就是一种运行环境,如果需要开发或者测试活动,就需要重新部署一遍,再进行测试。这种传统的模式会有一定的问题,比如可能会导致每次部署环境的结果都不一样,还有就是时间的浪费。而如果使用了容器技术则可以创建镜像,我们只需要管理镜像即可,当需要的时候直接拉取镜像,立等可取。并且在这种情况下,出现问题/故障的概率可以小于 0.1%。

(2)环境不一致引发的困惑。这种场景估计很多公司都会出现,在引用容器技术之前,开发人员有自己的本地开发环境,测试人员有测试环境,还有生产环境或者预生产环境。如开发人员完成了某个功能的开发,在本地测试通过后提交给测试人员做软件测试。而测试人员发现了问题,这种问题很有可能是由于环境不一致造成的。如果引用了 Docker 技术就不一样了,在完成了开发工作后,会创建镜像到镜像库中,而测试环境、生产环境要做的是,从镜像库中拉取镜像即可。容器技术提供了一种类似标准工具的作用。

（3）微服务架构的挑战。将一个大的应用拆分成多个小的微服务，对运维等角色都是一个很大的挑战。应用容器能体现独特的优势。

14.3　Docker 的安装和简单测试

14.3.1　Docker 的安装

本书中的 Docker 是安装在 Linux 系统上的，要求必须是 64 位系统，操作系统内核版本大于 6.10。基本安装步骤如下：

（1）用具有 root 权限的用户登录终端进行安装操作。

（2）检查内核版本的命令为"uname -r"，如图 14.4 所示。

图 14.4

（3）更新一下 yum，确保它是最新版本，更新命令为"yum update"。命令执行完毕后，会有如图 14.5 所示的事物总结，新安装了 5 个软件包，升级更新了 218 个软件包，总共下载包大小为 292MB。

图 14.5

（4）添加 yum 仓库，命令如下。在命令执行结束后，结果如图 14.6 所示。

第 14 章　Docker 容器技术与多线程测试

```
tee /etc/yum.repos.d/docker.repo <<-'EOF'
[dockerrepo]
name=Docker Repository
baseurl=https://yum.dockerproject.org/repo/main/centos/$releasever/
enabled=1
gpgcheck=1
gpgkey=https://yum.dockerproject.org/gpg
EOF
```

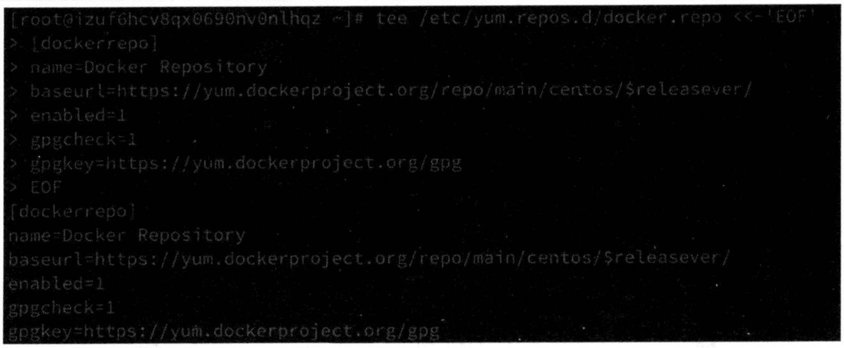

图 14.6

（5）Docker 安装命令为"yum install -y docker-engine"。

（6）启动 Docker 服务，命令为"systemctl start docker.service"。

（7）启动完毕后，需要验证 Docker 安装是否有问题，可以用命令"docker version"进行验证。如图 14.7 所示，会有 Client 端和 Server 端两部分的信息，表明 Docker 安装启动都成功了。

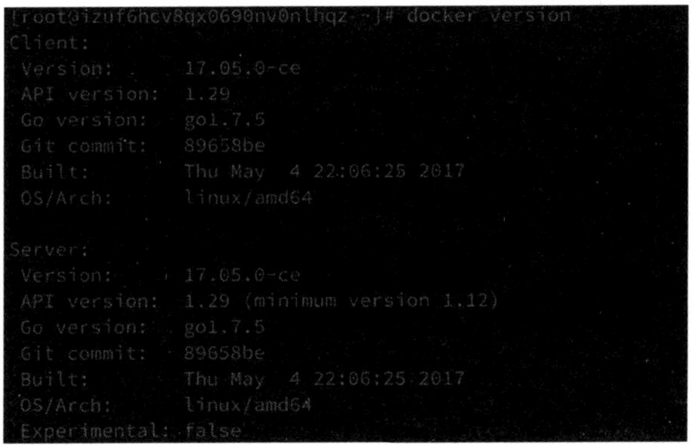

图 14.7

• 293 •

（8）如果要使 Docker 服务在开机时自动启动，可以用命令“sudo systemctl enable docker”进行设置。在当今的市场上，一般服务器是常开的，不会经常被重启，如各种云服务器。至此，Docker 在 Linux 上的安装已经结束。

14.3.2 Docker 的简单测试

打开一个命令行窗口，用“hello-world”镜像来测试Docker的安装是否有效。执行命令“docker run hello-world”，结果显示如图 14.8 所示，表明 Docker 在 Mac OS 本地的安装是正确的，并且列出了 Docker 创建“hello-world”容器的大致工作流程和原理。

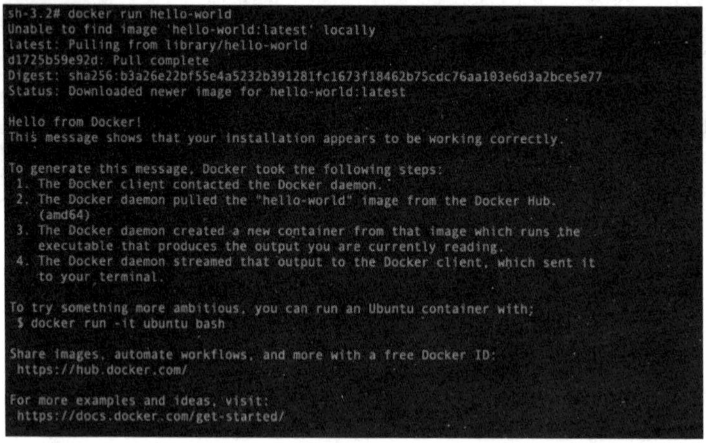

```
sh-3.2# docker run hello-world
Unable to find image 'hello-world:latest' locally
latest: Pulling from library/hello-world
d1725b59e92d: Pull complete
Digest: sha256:b3a26e22bf55e4a5232b391281fc1673f18462b75cdc76aa103e6d3a2bce5e77
Status: Downloaded newer image for hello-world:latest

Hello from Docker!
This message shows that your installation appears to be working correctly.

To generate this message, Docker took the following steps:
 1. The Docker client contacted the Docker daemon.
 2. The Docker daemon pulled the "hello-world" image from the Docker Hub.
    (amd64)
 3. The Docker daemon created a new container from that image which runs the
    executable that produces the output you are currently reading.
 4. The Docker daemon streamed that output to the Docker client, which sent it
    to your terminal.

To try something more ambitious, you can run an Ubuntu container with:
 $ docker run -it ubuntu bash

Share images, automate workflows, and more with a free Docker ID:
 https://hub.docker.com/

For more examples and ideas, visit:
 https://docs.docker.com/get-started/
```

图 14.8

常用的 Docker 命令有以下几种。

（1）“docker container ls”：查看容器情况。

（2）“docker container stop <容器名>”：停止某个容器。

（3）“docker container ls -a”：列出所有的容器。

（4）“docker container rm webserver”：删除容器。

（5）“docker image ls”：查看镜像情况。

（6）“docker image rm <此处输入镜像名>”：删除镜像。

（7）“docker exec -it <这里输入容器 ID> bash”：进入一个容器。

14.4 Python 多线程介绍

多线程的概念是相对单线程而言的。所谓单线程是指 CPU 在处理完成一项任务之前是不会开始处理第二件任务的。简单来说，单线程在执行任务时是有一定的顺序的。而随着科技的进步，CPU 等计算机组件的升级换代日新月异，CPU 处理速度越来越快，可以并行处理多个任务，可以这样简单地理解多线程的工作模式。

在 Python 中，多线程相关的模块主要有 Thread、Threading 和 Queue。其中 Thread 是多线程的底层支持模块，一般不建议使用。Threading 模块对 Thread 模块进行了封装，实现了线程的一些操作对象化。而 Queue 实现了多生产者（Producer）、多消费者（Consumer）的队列模式。在本书中涉及的多线程，主要是和 Threading 模块有关。

14.4.1 一般方式实现多线程

在实际项目中，"一般方式实现多线程"用的次数不多，因为这样会出现代码管理的问题，如代码松散和维护困难。实现方式是通过初始化 Thread 类，并且在初始化的同时传入 target 与 args 参数值，然后用 start 方法启动线程。多线程的 Join 方法实现了等待当前线程执行完毕才开始执行后续线程的目的。官方文档中给出的解释是"Wait until the thread terminates"。此方法在使用时也可以设置 timeout 参数，以防线程一直没有结束，而影响主线程的执行。示例代码如下，执行结果如图 14.9 所示。

```
#coding=utf-8
import threading
from time import sleep
#定义多线程要使用的函数
def display_name(user_name):
    sleep(2)
    print('用户名为：%s' % user_name)
#主线程的测试代码，多线程的操作在这里实现
if __name__ == '__main__':
    t1 = threading.Thread(target=display_name, args=('小王',))
    t2 = threading.Thread(target=display_name, args=('小张',))
    t1.start()
```

```
t6.start()
t1.join(1)
t6.join(1)
print('线程操作结束!')
```

```
用户名为：  小张
用户名为：  小王线程操作结束!

Process finished with exit code 0
```

图 14.9

14.4.2 用可调用类作为参数实例化 Thread 类

与上一种方式最大的区别是：第二种方法声明了一个可调用类。在可调用类中定义了"__call__"方法，此方法也是可调用类的核心方法，在方法中执行可调用类在初始化时传入的参数。进而实现多线程的操作。示例代码如下。执行结构如图 14.10 所示。

```
#coding=utf-8
import threading
from time import sleep

def dispaly_name(user_name):
    sleep(2)
    print('用户名为：%s' % user_name)

class MyThread(object):
    def __init__(self,func,args,name=""):
        self.func = func
        self.args = args
        self.name = name
    def __call__(self):
        self.func(self.args)

if __name__ == "__main__":
    t1 = threading.Thread(target=MyThread(func=dispaly_name,args=(" 小王
",)))
    t2 = threading.Thread(target=MyThread(func=dispaly_name,args=(" 小张
",)))

    t1.start()
```

```
    t6.start()

    t1.join(1)
    t6.join(2)
    print('线程操作结束!')
```

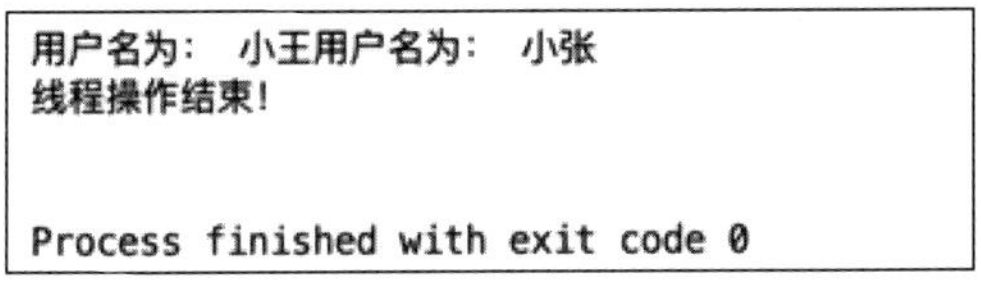

```
用户名为： 小王用户名为： 小张
线程操作结束!

Process finished with exit code 0
```

图 14.10

14.4.3　Thread 类派生子类（重写 run 方法）

用此方式实现多线程是比较简洁的方式，也是笔者推荐的方法。多线程的类采用直接继承 threading.Thread 的方式来继承得到相应的方法和属性。示例代码如下。执行结果如图 14.11 所示。

```
#coding=utf-8
import threading
from time import sleep

def dispaly_name(user_name):
    sleep(2)
    print('用户名为： %s' % user_name)

class MyThread(threading.Thread):
    def __init__(self,func,args):
        super(MyThread,self).__init__()
        self.func = func
        self.args = args

    def run(self):
        print("ThreadName: "+self.name)
        self.func(self.args)

if __name__ == "__main__":
    t1 = MyThread(func=dispaly_name,args=("小王",))
    t2 = MyThread(func=dispaly_name,args=("小张",))
    t1.start()
```

```
t6.start()
t1.join(1)
t6.join(1)
print("线程操作结束！")
```

```
ThreadName: Thread-1
ThreadName: Thread-2
用户名为：  小张
线程操作结束！用户名为：  小王

Process finished with exit code 0
```

图 14.11

14.5　本地利用多线程执行 Selenium 测试

在实际应用中，我们可能会碰到项目要求既要在 Google Chrome 浏览器中测试项目，又需要在 FireFox 浏览器中进行测试，那么此时就能体现出多线程测试的优势。多线程并行地运行自动化测试，提高了效率。本节将主要介绍在本地利用多个浏览器对同一脚本进行并发操作。

首先，需要对单元测试做一些优化，以便于使用。这里用 UnitTest 管理并执行测试脚本。文件代码如下（文件名：base_unit.py），其中函数 parametrize 的功能是创建测试套件，最终返回 TestSuite 对象。

```
#coding=utf-8
import unittest
class ParaCase(unittest.TestCase):
    #unittest 增加参数化
    def __init__(self, methodName='Tests', param=None):
        super(ParaCase, self).__init__(methodName)
        self.driver = param
    def setUp(self):
        self.driver.maximize_window()

    @staticmethod
    #创建测试套件，此套件可以在被继承子类中调用，并在子类中设置需要运行的方法，通过 param
    参数进行设置即可
    def parametrize(testcase, param=None):
        testloader = unittest.TestLoader()
```

```
        testnames = testloader.getTestCaseNames(testcase)
        suite = unittest.TestSuite()
        for name in testnames:
            suite.addTest(testcase(name, param=param))
        return suite
```

其次,准备详细的测试用例。注意,测试用例中的 DetailCase 类继承了上一步中的 ParaCase 类,定义了测试用例 test_login()方法。文件代码如下(文件名为:basic_unit.py):

```
#coding=utf-8
from thred_unit.basic_unit import ParaCase
import time

class DetailCase(ParaCase):
    #测试携程网登录功能
    def test_login(self):
        time.sleep(2)
        self.driver.get('https://passport.ctrip.com/user/login?')
        self.driver.find_element_by_id('nloginname').send_keys("TimTest")
        self.driver.find_element_by_id('npwd').send_keys("TimTest")
        self.driver.find_element_by_id('nsubmit').click()
```

多线程测试类,分析如下:其中在执行方法 run 中调用了 run 方法,而 run 方法具体定义了每个线程要做的事情,线程一个是 webdriver.Firefox(),另外一个是 webdriver.Chrome()。具体代码如下:

```
#coding=utf-8
import unittest
import threading
from thred_unit.basic_case import ParaCase
from thred_unit.basic_case import DetailCase
from selenium import webdriver

#本例实现本地多个浏览器对同一脚本并发操作
#继承父类 threading.Thread
class myThread (threading.Thread):
    def __init__(self, device):
        threading.Thread.__init__(self)
        self.device=device

    def run(self):
        print ("Starting " + self.name)
        print ("Exiting " + self.name)
```

```
        run_suite(self.device)
#定义多线程实际要执行的操作
def run_suite(device):
    suite = unittest.TestSuite()
    suite.addTest(ParaCase.parametrize(DetailCase, param=device))
unittest.TextTestRunner(verbosity=1).run(suite)

if __name__ == '__main__':
    #在本地通过多线程同时访问多浏览器
    dr = [webdriver.Firefox(executable_path='需要输入正确的firefox webdriver 路径'), webdriver.Chrome('需要输入正确的Chrome webdriver路径')]
    for i in range(len(dr)):
        print(dr[i])
        th = myThread(dr[i])
        th.start()
        th.join()
```

在代码运行后，会弹出两个窗口（Chrome 浏览器窗口和 Firefox 浏览器窗口），且两个窗口的测试执行不会互相影响。代码执行窗口截图如图 14.12 所示，从测试截图上可以看出 Firefox 浏览器是第一个线程在执行，而 Chrome 浏览器是第二个线程在执行，并且每个线程执行了 1 个测试。另外一个细节就是，Chrome 的执行速度稍快一些。

```
<selenium.webdriver.firefox.webdriver.WebDriver (session="6207f717-d944-8443-be27-44fd5730ba43")>
Starting Thread-1
Exiting Thread-1
----------------------------------------------------------------------
Ran 1 test in 6.475s

OK
<selenium.webdriver.chrome.webdriver.WebDriver (session="0babfe41ab43c9da4613d57d5520e15f")>
Starting Thread-2
Exiting Thread-2
----------------------------------------------------------------------
Ran 1 test in 4.017s

OK
Process finished with exit code 0
```

图 14.12

14.6 利用 Docker 容器技术进行多线程测试

本节介绍将 Docker 技术与多线程技术结合起来进行测试的活动。在正式开始前，需要先了解一下 Selenium Grid 的相关知识。

14.6.1 Selenium Grid 介绍

Selenium Grid 组件是 Selenium 的一个非常重要的组件,它主要用于远程分布式测试或多浏览器并发测试。通常有如下两种情况发生时会使用 Selenium Grid。

(1)测试需要运行在多种浏览器(比如火狐、谷歌和 IE 等)上,多种版本的浏览器(如 IE9、IE11 和 Chrome 70.0 等)和这些浏览器是运行在不同的操作系统上的(如 Windows 和 Linux 等)。

(2)需要通过并行测试来减少整体的项目周期。

Selenium Grid 目前的主流版本是 6.0 版本,此版本和 1.0 版本有很大的不同,在 6.0 版本中 Selenium Grid 和 Selenium RC 进行了合并。所以现在如果要使用 Grid 的功能,只需要下载一个单独的.jar 包就可以得到远程 Selenium RC Server 和 Selenium Grid 的功能集合。Selenium Grid 6.0 集成了 Ant(Apache 软件基金会开发提供的一个开源项目),同时可以支持 Selenium RC 脚本和 WebDriver 脚本,最多可以远程控制 5 个浏览器。

Grid 中一般有两个角色,Hub(集线器)和 Node(节点)。

Hub 角色用来管理各个节点的注册和状态信息,并且接受远程客户端代码的请求调用,然后把请求的命令再转发给代理节点来执行。

Node 角色是远端客户端,用于执行 Hub 分发过来的请求。Node 角色最重要的是诸如操作系统的类型(Windows、Linux 和 Mac OS)和浏览器的类型(比如 IE、Chrome 和 Firefox)。Grid 的存在就是为了解决分布式运行自动化测试用例的需求。Grid 可以满足在一台计算机上分发多个测试用例到多台服务器(或者计算机)上,而这些计算机可以有着不同的操作系统和不同的浏览器环境等,这样就可以提高自动化测试的覆盖度和执行效率。特别是有些大型项目的自动化测试,在需要测试各种浏览器兼容性时,或者整体项目有时效性的要求时,运用 Selenium Grid 组件功能可以达到事半功倍的效果。

在 Grid 中 Hub 和 Node 的节点关系结构可以由图 14.13 来说明。作为 Hub 角色的计算机管理其他多台 Node。Hub 负责将测试用例分发给多台计算机执行,并收集多台 Node 节点的测试结果,最后汇总成一份总的测试报告。

为了便于大家更好地熟悉 Grid 环境,这里总结一些 Hub 的工作原理和特性。

(1)一般在分布式自动化测试环境中,Hub 的计算机只能有一台,而 Node 节点的数量是大于等于一台。

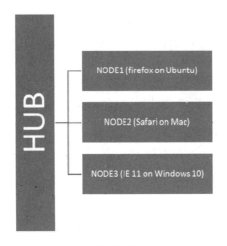

图 14.13

（2）Hub 负责管理测试脚本，并负责和其他 Node 进行通信，并且进行分发脚本工作。

（3）坚持先注册再使用的原则。因为只有在注册成功之后，Node 才会和 Hub 建立通信，并且告知 Hub 一些自己的相关信息，比如操作系统和浏览器相关版本信息等。

（4）测试脚本的执行任务会在 Node 中进行。在 Node 节点中，该执行任务会在本地打开浏览器，完成测试任务并返回测试结果给 Hub。

（5）Node 节点的操作系统和浏览器版本等无须和 Hub 保持一致，并且可以同时打开多个浏览器并行地执行测试任务。

至此我们对 Selenium Grid 的相关知识点有了一个基本的认识，主要需要掌握其工作原理和特性，如 Hub 和 Node 节点之间的关系，这些都是重点。掌握了 Grid 有关的基本知识后，就可以将目光转移至 Docker 了，接下来将介绍如何结合 Docker 来安装 Selenium Grid 的测试环境。

14.6.2 安装需要的镜像

如果需要在 Chrome 和 Firefox 浏览器上做自动化测试，有如下 3 个镜像需要下载，而这些都是官方已经存在的，其中 Hub 是作为一个管理中枢的角色存在的。在安装完之后用命令"docker images"查看镜像情况，如图 14.14 所示，镜像已经下载好。

（1）selenium/hub

（2）selenium/node-firefox

（3）selenium/node-chrome

```
jasondeMacBook-Pro:~ jason118$ docker images
REPOSITORY                TAG        IMAGE ID        CREATED         SIZE
selenium/node-firefox     latest     eed35e26018f    11 days ago     766MB
selenium/node-chrome      latest     0fde6f9b6c69    11 days ago     857MB
selenium/hub              latest     59596fb13d7a    11 days ago     285MB
```

图 14.14

14.6.3　启动 Selenium Hub

执行 Hub 启动命令 "docker run –p 5555:4444 –d –name hub selenium/hub"。其中 run 命令是为了运行一个镜像，创建出一个容器。在命令执行完之后，要查看容器的启动情况，可以直接输入命令 "docker ps" 即可，如图 14.15 所示。

```
jasondeMacBook-Pro:~ jason118$ docker ps
CONTAINER ID   IMAGE          COMMAND                  CREATED          STATUS          PORTS                     NAMES
51e80aeae361   selenium/hub   "/opt/bin/entry_poin…"   13 seconds ago   Up 12 seconds   0.0.0.0:5555->4444/tcp    hub
```

图 14.15

14.6.4　启动 Selenium Node

按照之前的设想，如果要启动 2 个 Node 节点用于测试，只需要分别执行如下两条命令即可：

（1）docker run -P -d --link hub:hub --name firefox selenimu/node-firefox

（2）docker run -P -d --link hub:hub --name chrome selenimu/node-chrome

执行成功后，运行命令 "docker ps" 查看当前的容器启停状态，如图 14.16 所示，说明三个容器都已经启动成功。如果要查看所有的容器状态（包含处于关闭状态的容器），可以用命令 "docker ps -a"。

```
CONTAINER ID   IMAGE                   COMMAND                  CREATED          STATUS          PORTS                     NAMES
83015853d006   selenium/node-chrome    "/opt/bin/entry_poin…"   3 seconds ago    Up 2 seconds                              chrome
5d76963bde73   selenium/node-firefox   "/opt/bin/entry_poin…"   45 seconds ago   Up 44 seconds                             firefox
51e80aeae361   selenium/hub            "/opt/bin/entry_poin…"   20 hours ago     Up 2 minutes    0.0.0.0:5555->4444/tcp    hub
```

图 14.16

至此，一个 Hub 和两个 Node 容器，从下载镜像到启动容器已经结束，并且都能成功执行。安装准备工作告一段落。

14.6.5　查看 Selenium Grid Console 界面

在 Docker 容器的安装准备工作完成后，下一步需要在安装 Hub 机器上查看 Selenium Grid 的配置情况。配置网址为"http://localhost:5555/grid/console"，界面显示如图 14.17 所示，可以看到 Grid 的配置情况和我们设置安装的一致，图上也有配置的浏览器 Node 的相关细节，比如浏览器的具体版本等。通过命令"docker logs hub"也可以查看在 Hub 管理下有多少 Node 节点，结果如图 14.18 所示。

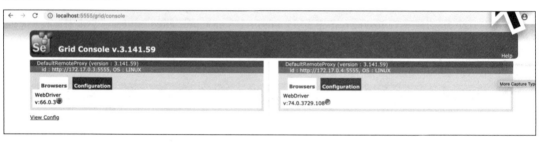

图 14.17

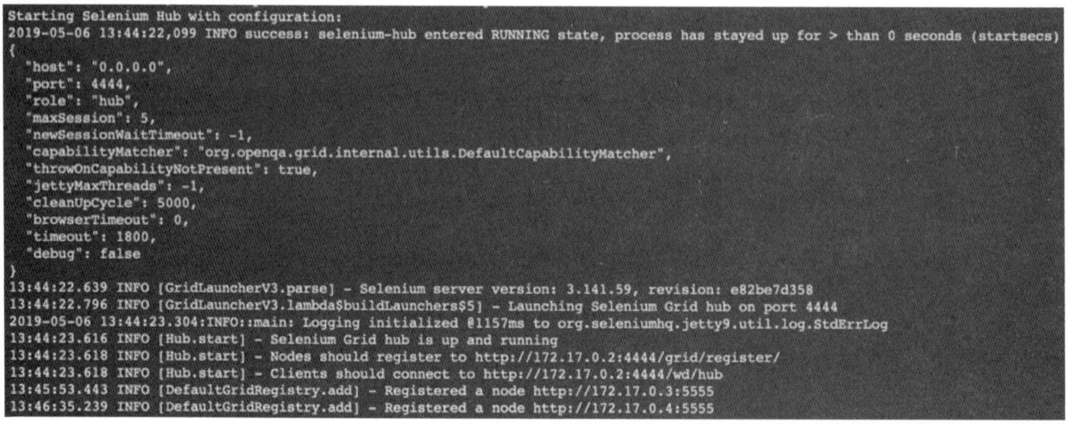

图 14.18

14.6.6　在 Docker 环境下执行多线程测试

以 14.5 节为例，在 Docker 环境下利用 Selenium Server 来实现并发测试。代码文件 basic_case.py、basic_unit.py 和 14.5 节是一样的，这里不再赘述。不同的是测试代码的实现，测试代码如下：

```python
#coding=utf-8
from selenium.webdriver.common.desired_capabilities import DesiredCapabilities
from selenium import webdriver
from thred_unit.basic_case import ParaCase
from thred_unit.basic_case import DetailCase
import  threading,unittest

#本例通过Selenium Server并发操作
#继承父类threading.Thread
class myThread (threading.Thread):
    def __init__(self, device):
        threading.Thread.__init__(self)
        self.device=device

    def run(self):
        print ("Starting " + self.name)
        print ("Exiting " + self.name)
        run_suite(self.device)

def run_suite(device):
    suite = unittest.TestSuite()
    suite.addTest(ParaCase.parametrize(DetailCase, param=device))
    unittest.TextTestRunner(verbosity=1).run(suite)
if __name__ == '__main__':
url = 'http://127.0.0.1:4444/wd/hub'
browser = [DesiredCapabilities.CHROME,DesiredCapabilities.FIREFOX]
for i in range(len(browser)):
    th=myThread(webdriver.Remote(command_executor=url,desired_capabilities=browser[i]))
    th.start()
    th.join()
```

这段代码中用到了模块 DesiredCapabilities，其主要目的是指定测试脚本在哪些环境上运行，通过此功能，可以设定 WebDriver 的环境来执行测试脚本。脚本的执行也利用了多线程的模式，核心方法是在多线程类中重新定义及调用 run 方法。在 run 方法中定义了 test suite 的配置，以及脚本的启动执行。

另外，需要注意变量"url"的赋值，要与本地打开 Grid Console 的 IP 地址和端口号保持一致。如在本例中，IP 地址是"127.0.0.1"，而端口号为"5555"，因此"url"变量可以赋值为"http://127.0.0.1:5555/wd/hub"。这段代码执行结果如图 14.19 所示。

```
Starting Thread-1
Exiting Thread-1
..
----------------------------------------------------------------------
Ran 2 tests in 3.861s

OK
Starting Thread-2
Exiting Thread-2
..
----------------------------------------------------------------------
Ran 2 tests in 6.165s

OK

Process finished with exit code 0
```

图 14.19

博文视点精品图书展台

专业典藏

移动开发

大数据·云计算·物联网

数据库   Web开发

程序设计   软件工程

办公精品   网络营销

反侵权盗版声明

电子工业出版社依法对本作品享有专有出版权。任何未经权利人书面许可，复制、销售或通过信息网络传播本作品的行为；歪曲、篡改、剽窃本作品的行为，均违反《中华人民共和国著作权法》，其行为人应承担相应的民事责任和行政责任，构成犯罪的，将被依法追究刑事责任。

为了维护市场秩序，保护权利人的合法权益，我社将依法查处和打击侵权盗版的单位和个人。欢迎社会各界人士积极举报侵权盗版行为，本社将奖励举报有功人员，并保证举报人的信息不被泄露。

举报电话：（010）88254396；（010）88258888

传　　真：（010）88254397

E-mail：　dbqq@phei.com.cn

通信地址：北京市海淀区万寿路 173 信箱
　　　　　电子工业出版社总编办公室

邮　　编：100036